普通高等教育新能源科学与工程系列教材

# 新能源发电与并网技术

王　曼　杨素琴　　编
吴在军　主审

中国电力出版社
CHINA ELECTRIC POWER PRESS

## 内 容 提 要

本书结合新能源发电技术的最新发展，系统介绍了多种新能源发电技术的原理和模型，分析了新能源发电并网对系统的影响，阐述了新能源并网关键技术的新近发展、新能源发电中应用的电力电子技术，最后对分布式电源并网和微网技术做了介绍。

本书可用作高等院校电力工程专业、电气工程及其自动化专业以及能源与动力技术等专业的本科教材，也可供从事新能源发电相关工作的专业人士参考。

**图书在版编目（CIP）数据**

新能源发电与并网技术/王曼，杨素琴编. —北京：中国电力出版社，2017.9（2024.7 重印）

“十三五”普通高等教育规划教材

ISBN 978-7-5198-0857-0

Ⅰ.①新… Ⅱ.①王… ②杨… Ⅲ.①新能源-发电-高等学校-教材 Ⅳ.①TM61

中国版本图书馆 CIP 数据核字（2017）第 142669 号

---

出版发行：中国电力出版社
地　　址：北京市东城区北京站西街 19 号（邮政编码 100005）
网　　址：http：//www. cepp. sgcc. com. cn
责任编辑：乔　莉　（010-63412535）　张　妍
责任校对：马　宁
装帧设计：赵姗姗
责任印制：钱兴根

---

印　　刷：三河市百盛印装有限公司
版　　次：2017 年 9 月第一版
印　　次：2024 年 7月北京第十次印刷
开　　本：787 毫米×1092 毫米　16 开本
印　　张：9. 25
字　　数：217 千字
定　　价：45. 00 元

---

# 前　言

目前加快新能源这一战略产业的发展已经成为我国的基本国策，全国新能源发电建设项目更是掀起了新一轮的热潮。2015 年我国风电新增装机容量 30.75GW，累计风电装机容量达 145.36GW；同年全国光伏发电新增装机容量 15.15GW，累计装机容量已经有 43.5GW。这样的卓越表现，令全世界瞩目。

不同于传统的常规发电形式，新能源和可再生能源发电虽然普遍具有储量大、污染少的特点，是实现国家能源战略目标的必然，但由于受自然条件和科技发展的制约，新能源电源的并网对大电网包括电能质量控制、系统的安全稳定运行和电网的优化运行控制等方面都会产生一系列的影响。能否针对新能源发电的技术特点，采取有效的措施消除其中的消极因素，扩大其对系统的正面积极影响，实现规模化经济，成为决定新能源发电技术发展未来的重要因素之一。

本书将新能源发电技术与并网技术结合起来，在系统描述新能源发电基本原理和发展现状基础上，着重围绕新能源并网的关键技术及对大电网的影响、分布式电源并网和微电网技术进行介绍，以期构建完整系统的新能源利用技术理论。

本书共 5 章，第 1 章简单介绍了新能源基本概念和新能源发电技术应用现状；第 2 章介绍风力发电基本原理和风电系统的并网运行；第 3 章主要围绕太阳能发电技术，包括太阳能热发电和太阳能光伏发电基本原理与并网光伏发电系统；第 4 章描述了新能源发电系统中的电力电子技术，包括电力电子技术基础、新能源发电并网环节和新能源发电储能技术中的电力电子技术几个方面；有关分布式电源并网技术、微电网相关理论在第 5 章单独介绍。

本书第 1 章、第 2 章和第 4 章由王曼编写，第 3 章和第 5 章由杨素琴编写。教育部高等学校电气类专业教学指导委员会秘书长吴在军教授对全书进行了审阅。

本书编写过程中得到了南京工程学院重点教材建设项目的资助，南京工程学院电力学院各位同仁也对编者给予了大力支持，在此表示感谢。本书在编写中参考了国内外相关文献资料，感谢所有文献作者的辛勤工作。

限于编者学识水平，书中难免存在疏漏和不妥之处，殷切希望广大读者批评指正。

编　者

2017 年 7 月

# 目　录

# 第 1 章　新能源与可再生能源概述

## 1.1　能源的概念和分类

### 1.1.1　能源的概念

能源（Energy Source），也称作能源资源或者能量资源，是指可以直接或经过转换间接提供人类所需的光、热、动力等形式能量的载能体资源，是能够直接获取或者通过加工转换而取得的有用能的各种资源，包括煤炭、石油、天然气、水能、核能、风能、太阳能、地热能、生物质能等一次能源和经加工转换而生成的电能、热力等二次能源。

能源是人类社会赖以存在的物质基础，是国民经济发展的重要支柱，人类的生活和社会的发展离不开优质能源的开发和先进能源技术的使用。能源的合理开发和有效利用程度体现了一个国家或地区生产技术和生活的先进水平。当今世界，能源的发展利用和其使用中所引发的环境问题，成为了世界各国社会政治经济发展的核心问题。

### 1.1.2　能源的分类

能源的种类繁多，通常可以按照其形态特征、来源或应用层次等划分方式对其进行分类[1]。

1. 一次能源与二次能源

按照其基本形态，能源可以分为一次能源与二次能源。

在自然界中以原本的形式存在的、未经加工转换而被人类直接加以利用的天然能源称为一次能源（Primary Energy），包括煤炭、石油、天然气、油页岩、核能、太阳能、水能、风能、波浪能、潮汐能、地热能、生物质能和海洋温差能等。

为满足人类生产生活的不同需要，很多能源都要进行加工，经过间接的转换才方便利用，由一次能源经过加工转换以后得到的能源产品，称为二次能源（Secondary Energy），例如电能、蒸汽、煤气、汽油、柴油、液化石油气、酒精、沼气、氢气和焦炭等。

电能是当今世界最为重要的二次能源形式，便于由各种一次能源进行转换，从多种途径获得，如煤炭、石油、天然气、水能、核能、风能、太阳能、潮汐能、地热能等都可以直接生产电能。电能也是应用最为广泛的二次能源，动力、照明、冶金、化学、纺织、通信等各个领域中都普遍使用电能。电能是国民经济发展、科学技术飞跃的主要动力。

2. 常规能源与新能源

依据其开发利用的状况，能源可以分为常规能源和新能源。

常规能源也称传统能源（Conventional Energy），指在现有科技水平和利用条件下已被大规模生产和广泛利用的能源，是促进当前社会进步和文明发展的主要能源。现阶段，在世界能源消费结构中占绝大部分的仍然是煤炭、石油、天然气、水能和核能，这五大能源形式属于常规能源[2]，但这些常规能源全球储量有限，面临日渐枯竭的危机。

新能源（New Energy）是相对于常规能源而言的，需要在新技术、新材料的基础上系统地加以开发利用，但目前还尚未形成大规模效益或正在积极研究、有待推广的能源，如太阳能、风能、海洋能、地热能、生物质能等。与常规能源相比，新能源生产利用技术还不够成熟，使用范围还较小。

常规能源与新能源的划分是相对的，不同历史时期会产生一定的变化。如 20 世纪 50 年代初，人类首次将核能用于生产电力和作为动力使用，核能在当时被认为是一种新能源；到了 20 世纪 80 年代，随着其开发利用的日益成熟广泛，世界上很多国家已把它列为常规能源。人类利用太阳能和风能的历史比核能早得多，但早期对它们的利用效率低下，要扩大其利用范围、提高利用效率、形成规模化的经济效益还需要通过进一步的系统研究和开发，所以目前这两种能源也被列入新能源。

3. 不可再生能源和可再生能源

依据能源是否可以循环生成或重复利用，一次能源又可以分为不可再生能源和可再生能源。

不可再生能源（Non-Renewable Energy）是在地球长期演化过程中，在一定阶段，在一定条件下经过漫长地质时期形成的，与人类社会的发展相比，其再生非常缓慢或几乎不能再生。其被开发利用后在相当长的一段时间内无法恢复，随着大规模开发利用，其储量越来越少甚至枯竭。不可再生能源主要包括煤炭、石油、天然气、核能、油页岩等。

可再生能源（Renewable Energy）指在自然界中短期内可以再生得到补充，或者可以循环使用、重新利用的能源[3]，它不会因长期使用而减少储量，如太阳能、水能、风能、生物质能、波浪能、潮汐能、海洋温差能等。可再生能源在自然界可以循环再生，永续利用，不存在能源耗竭的可能。

4. 污染型能源和清洁型能源

根据其消耗后对环境产生的影响，能源可分为污染型能源和清洁型能源。

污染型能源（Pollution Energy），是指在利用过程中会污染环境的能源，如煤炭、石油类能源在燃烧使用过程中会产生大量二氧化碳、硫氧化物、氮氧化物及多种有机污染物，这些污染物，有的形成酸性降雨，破坏环境，影响生态；有的有机污染物在阳光作用下形成光氧化物，对环境和人体健康造成危害；能源物质中含有的重金属元素也会污染土壤、水域等，造成危害。

清洁能源（Clean Energy）也称绿色能源，指在生产消费过程中污染程度小甚至没有污染的能源。风能、太阳能、海洋能等在利用过程中对环境污染很小甚至不产生污染；垃圾发电、沼气等生物质能重新利用了工农业生产的废弃物，减少了对环境的不利影响。这些都属于清洁能源。

除此以外，能源还可以按性质分为燃料型能源和非燃料型能源；一次能源还可以按初始来源分为地球内部蕴藏的能量、来自地球外部天体的能源（主要是太阳能）和地球与其他天体相互作用而产生的能量等不同方式进行划分。

### 1.1.3 能源与环境问题

所有能源的开发利用都会对环境产生一定的影响，例如风力发电项目建设会影响地区的生态环境，如破坏植被、改变地形地貌等；太阳能的开发会占用土地、影响地区景观等。但在众多能源形式中，以化石燃料为代表的常规能源对环境造成的恶劣影响最为严重[4]。

1. 煤炭的开采使用对环境的影响

煤炭的开采会导致生态环境的破坏，表现为地表植被状态被破坏后造成水土流失和沙漠化；煤炭开采后出现的地表塌陷、岩层移动；矿井排放酸性废水污染水资源；煤矸石等固体废弃物的堆积污染土地等。煤炭燃烧过程中会产生大量的烟尘和二氧化硫（$SO_2$）、二氧化碳（$CO_2$）、氮氧化物（$NO_x$）、一氧化碳（CO）、汞等污染物，造成大气的严重污染。而 $SO_2$、$NO_x$ 等污染造成的酸雨危害极大；烟尘对人体健康造成严重的危害；$CO_2$ 等温室气体的排放造成全球性环境问题。

2. 石油、天然气开采利用的环境影响

石油和天然气的勘探开采和加工利用也会对环境产生不利影响。油田、气田勘探开采过程中，钻井作业、油水井作业、地面工程的建设会对地区草原、水域、林地、耕地等生态环境造成不同程度的破坏。石油勘探开发过程中采油废水、钻井废水、洗井废水、处理人工注水产生的污水的排放，气田开采过程中产生的含有硫、卤素以及锂、钾、溴、铯等元素的地层水的排放都会污染周边水源或使土壤盐渍化。油气田开采过程中排放的硫化氢和含有大量二氧化硫、氮氧化物、烃类和颗粒物的炼油废气对大气产生污染。海上采油作业则影响海洋生态系统，特别是当发生井喷、漏油、海上采油平台倾覆、油轮事故和战争破坏时，石油泄入海洋，对海洋生态系统产生极其恶劣的影响。而石油产品在消耗利用时，排放的一氧化碳、碳氢化合物、氮氧化物、铅等污染物等更会产生进一步的污染。

3. 水电建设对环境的影响

水电是一种相对清洁的常规能源，但对其的开发仍会对生态环境产生多方面的不利影响。水电站筑坝蓄水，占用河道、淹没土地和地面设施造成田地丧失、森林损毁；建坝使得泥沙淤积会导致上游河道截面缩小，河床抬高，下游河岸被冲刷，引起河道变化；河流水深、水温、流速等水文的变化会使水生生物受到影响，导致种群数量减少甚至灭绝；水库的建设会改变降雨区域分布，地区降雨量有可能影响地区气候；建设水电站还会改变地下水的流量和方向，使下游地下水位升高，造成土壤盐碱化，甚至形成沼泽，导致环境卫生条件恶化等。

4. 核电利用的环境问题

核能发电清洁、高效，发电过程无须燃烧，不会造成空气污染，也不会排放二氧化碳。但是核能仍可能对环境造成严重的污染，甚至对人类社会和经济的可持续发展造成重大损害。核能利用对环境造成的污染主要是放射性污染：核燃料在生产过程存在一定的放射性污染；核能电厂在正常运转时，也会有微量的放射性物质排到外界环境；核能发电后的乏燃料和具有放射性的废水废气的排放也会对环境造成污染。核燃料的勘探开采、水冶加工和精制浓缩生产过程中，铀矿山和铀水冶厂是主要污染源。铀矿山产生的具有放射性的废水、废气、固体废物不仅含有氡、铀及其衰变子体，而且还有其他共生的有害化学物质。水冶厂的液体废物主要有贫铀溶液，其中镭是最危险的放射性物质。虽然核电站运行时对周边环境的辐射剂量并不高，但由于释放的少量放射性物质通过水、空气特别是食物链的放大效应，会造成对人体的慢性辐射，后果将相当严重。核废料具有极强烈的放射性，半衰期可长达数千年、数万年甚至几十万年。核废料的安置处理一直是核工业面临的悬而未解的难题。目前处理的基本方法是稀释分散、浓缩贮存以及回收利用。值得一提的是，人们最常关注的核能对环境的影响实际上是核事故问题即核设施发生意外情况，放射性物质外泄，造成环境污染并使公众受到辐射危害。1986 年 4 月 26 日发生的切尔诺贝利核事故，是核电发展史上惨重的灾难，对电站工作人员、事故抢救人员以及周围居民和环境造成了严重的损害。2011 年 3 月 12 日，受 9 级特大地震影响，日本福岛第一核电站放射性物质发生泄漏，其对当地和周边国家地区产生的恶劣影响至今没有消除。

## 1.2 新能源与可再生能源

随着生产力的发展和科技的进步，能源需求量极大，而常规能源开发利用过程中造成自然环境不断恶化，环境的恶化又直接危及人类的生存；社会的发展导致能源需求量不断上升而常规的不可再生能源储量日益枯竭，能源危机威胁着人类的发展。人类社会面临能源与环境危机的这种双重窘迫局面，最大限度地开发利用新能源和可再生能源已经成为全世界各个国家的能源发展战略。

### 1.2.1 新能源与可再生能源的含义与种类

1978 年 12 月 20 日，联合国第三十三届大会第 148 号决议将“新能源与可再生能源”作为一个专业化名称使用，规定：“新能源与可再生能源是指常规能源以外的所有能源。”并且指出新能源和可再生能源包括太阳能、地热能、风能、潮汐能、波浪能、海洋能、薪柴、木炭、生物能、畜力、油页岩、焦油砂、泥炭和水能 14 种。除油页岩、焦油砂和泥炭是非常规矿物能源外，其他 11 种都属可再生能源。

1981 年 8 月 10~21 日，联合国于肯尼亚首都内罗毕召开的新能源和可再生能源会议（The United Nations Conference on New and Renewable Sources of Energy）上正式界定了新能源和可再生能源的基本含义，指出了世界开发利用新能源和再生能源的方向：以新技术和新材料为基础，使传统的可再生能源得到现代化的开发和利用，用取之不尽、周而复始的可再生能源来不断取代资源有限、对环境有污染的化石能源；它不同于常规化石能源，可以持续发展，几乎是用之不竭，对环境损害很小，有利于生态良性循环，重点是开发利用风能、太阳能、海洋能、地热能和氢能等。

20 世纪 90 年代，联合国开发计划署（UNDP）把新能源和可再生能源分为大中型水电、传统生物质能和新可再生能源 3 大类。新可再生能源包括小水电、太阳能、风能、现代生物质能、地热能和海洋能。

可见国际组织或会议一直将新能源和可再生能源作为一个整体分类，基本上将二者视为等同[5]。

在国内，2005 年 2 月 28 日，我国第十届人民代表大会常务委员会第十四次会议通过了《可再生能源法》，并于 2009 年 12 月 26 日通过修正。该法规定，在我国，“所称可再生能源是指风能、太阳能、水能、生物质能、地热能、海洋能等非化石能源”。国内一直以可再生能源的概念来概括除煤炭、石油、天然气等常规化石能源以外的能源，政策法规上未曾对新能源做具体界定。在对新能源的认识上，我国政府层面一直将新能源与可再生能源视为同一概念或作为一个整体来进行看待[5]，目前主要指除常规化石能源和大中型水力发电及核能发电之外的生物质能、太阳能、风能、小水电、地热能和海洋能等一次能源以及氢能、燃料电池等二次能源。

### 1.2.2　新能源和可再生能源的主要特征

新能源和可再生能源共同的特征主要有：①储量大、分布广、资源丰富，普遍具备可再生性，可供人类永续利用；②能量密度即单位体积内包含的能量较低，能量比较分散；③对环境的负面影响小，开发利用过程中没有或者很少有损害生态环境的污染物的排放；④风能、太阳能、潮汐能等资源具有随机性和间歇性的特点；⑤从技术层面上说，大规模开发利用的难度大，距取得良好经济性达到规模效益有一定距离。

### 1.2.3　新能源与可持续发展

可持续发展（Sustainable Development）是指在不断提高人们生活质量和环境承载能力的同时，既满足人们当前生活的需要，又不损害下一代生存和发展的需要，以最小的自然消耗取得最大的社会效益和经济效益。可持续发展是一种注重长远发展的经济增长模式，是当今世界发达国家与发展中国家共同追求的理想模式。

能源的短缺和环境的恶化是当今人类社会面临的两大问题，如何能够走可持续发展的道路成为全世界的共同关注的战略性课题。常规能源与不可再生能源后备资源不足、开发利用时产生严重环境污染等一系列问题，影响和制约着人类的进一步发展。

新能源与可再生能源资源丰富，不产生或很少产生污染物，既是近期重要的补充能源，又是未来能源结构的基础，对能源的可持续发展起着重要的作用。为了满足日益增长的能源需求，解决传统能源形式的开发利用对环境造成的恶劣影响，大力开发、使用新能源是未来能源可持续、实现国民经济可持续发展的必然选择[6]。

1992 年 6 月，联合国人类环境与发展大会正式通过了《里约环境与发展宣言》和《21 世纪议程》；2015 年 9 月联合国可持续发展峰会上，193 个成员国共同达成了《2030 年可持续发展议程》，正式通过 17 个可持续发展目标。可持续发展目标旨在从 2015 年到 2030 年间以综合方式彻底解决社会、经济和环境三个维度的发展问题，转向可持续发展道路。

我国政府批准了《中国 21 世纪议程》和《中国 21 世纪初可持续发展行动纲要》，特别强调了开发利用新能源和可再生能源，保护环境，走可持续发展的道路，并明确提出了我国可持续发展的目标、重点领域和保障措施。

## 1.3　新能源发电

在发展新能源已成为全世界各国能源战略的大背景下，作为能源转换利用最为重要的一种形式，新能源发电势必成为未来电力行业发展的主题。

### 1.3.1　新能源发电的发展现状

依据联合国环境规划署（UNEP）2016 年 3 月发布的年度报告《2016 年全球可再生能源投资趋势》，截至 2015 年，除大型水力发电项目外，可再生能源的装机容量占世界总发电装机容量的 16.2%，与 2014 年相比增长 15.2%，而且这一比例在不断攀升。2015 年可再生能源生产的实际电量占全球发电总量的份额从 2012 年的 7.8%上升至 10.3%，当年全球新增可再生能源发电容量达 134GW，占所有新增发电装机容量的 54%，首次超过所有传统发电技术新增容量。全球电力系统正在发生结构性转变。

1. 风力发电发展状况

风力发电是近年来发展最为迅速的新能源发电技术。全世界第一座风力发电站于1891年由丹麦的P. L. Cour教授设计建造，容量仅9kW，采用了蓄电池充放电方式进行供电。自20世纪80年代世界上一些国家开始建立示范性风力发电场项目，将风力发电纳入电力网，成为新能源发电形式以来，近几十年来，风力发电一直保持着最快的增长速度，至今全球风力发电量以年均30%的惊人速度快速增长[7]。风力发电技术日益成熟，电网对风力发电并网的技术规定越来越全面、规范，风力发电成本持续下降，具备了与常规能源发电竞争的优势，日益受到世界各国的重视，应用规模日趋壮大。

在当前全球经济继续低迷的背景下，全球风力发电保持了良好发展势头。依据世界风能理事会（The Global Wind Energy Council，GWEC）2016年2月发布的《2015全球风电发展报告》[8]，全球风力发电产业2015年新增装机首次超过63GW，达到创纪录的63 467MW，实现了22%的年度增长率；截至2015年年底，全世界风力发电总装机容量达到了432. 9GW，同比增长超过17%。全球风力发电历年新增装机容量和累计装机容量如图1-1和图1-2所示。目前世界上安装有商业风力发电设施的国家和地区超过90个，其中26个国家的装机容量超过了1GW，而装机容量超过10GW的达到了8个。2015年，全球风力发电量达186. 3TWh，占当年世界发电量的3. 3%。

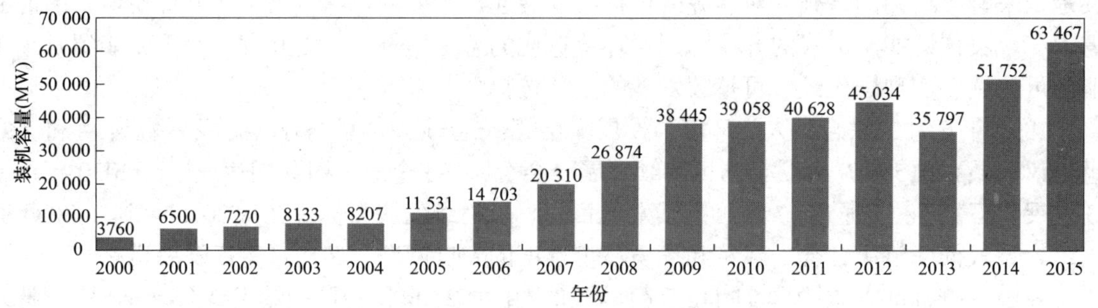


图1-1　2000~2015年世界风力发电年新增装机容量趋势图
（数据来源：GWEC）

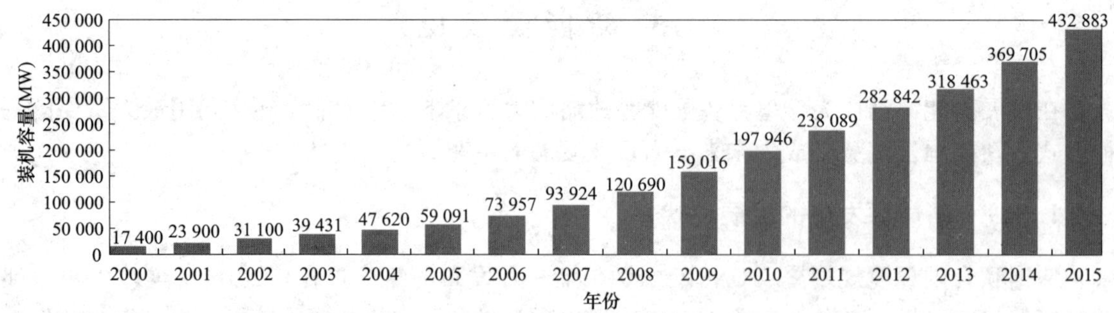


图1-2　2000~2015年世界风力发电累计装机容量增长趋势图
（数据来源：GWEC）

自 2009 年以来，中国已经成为世界最大的风电市场，2015 年我国新增风电装机容量 30 753MW，使亚洲保持为全球风电新装最多的区域。到 2015 年底，我国风电累计装机容量达到 145 362MW，占世界风电总装机容量的 36%，在累计装机容量上超越了欧盟。随着 2013 年西藏那曲超高海拔实验风电场的建成投产，我国风电场已经遍布全国各个省、自治区。2014 年我国风力发电量 153TWh，约占当年全国总发电量的 2.78%，成为继火电、水电之后的第三大电源。

风力发电机单机容量不断扩大。随着新型大容量风电机组开始投入运行，风电场的装机容量将达到可以和常规机组相比拟的规模，风电机组将有能力参与整个系统的有功调度、电压和无功控制。1.5MW 主流机型的风机价格在过去的几年中逐年下降，国外风电市场上的主力机型是 1.5~3.6MW，而单机容量达到 6~8MW 的风电机组正逐步进入商业化运行阶段：丹麦维斯塔斯公司（Vestas Wind Systems A/S）的容量达 8MW 的风机 V164-8.0 已于 2015 年开始量产；西门子和 Alstom 在 2012 年安装了 6MW 的直驱型风机；在近日的欧洲海上风电展上，西门子公布了其新研发的 7MW 海上风电机组 SWT-7.0-154；三星的 7MW 风机在苏格兰运行；中国的华锐、金风、明阳和联合动力也已开始测试 6~6.5MW 的风机模型。

目前风力发电系统研发的主要重点在于大型风电场并网方式与电网规划、风电场联网安全稳定运行、应用于风电场的储能技术、风电电能质量控制及发展海上风电机型等。

2. 太阳能发电发展现状

太阳能是人类可利用的储量最丰富的新能源之一，取之不尽用之不竭。太阳能体量巨大，据测算，太阳辐射到地球上约 40min 的能量就足以供全球人类一年能量的消费。从广义上来说，地球上的绝大多数能源形式，包括化石能源、风能、水能、海洋温差能、生物质能以及部分潮汐能都是来源于太阳，可以说都属于太阳能及其变化形式；从狭义上来说，太阳能指太阳辐射能的光热、光电和光化学的直接转换。

太阳能不太方便进行直接利用，大规模利用太阳能的方式主要是将太阳能转化为电能。目前，太阳能的发电形式主要有两种：①利用太阳能的热能推动汽轮机转动发电，即光热（Solar Thermal Power Generation）发电；②利用光生伏特效应将光的辐射能转化为电能，即太阳能光伏（Photovoltaic，PV）发电。

较之太阳能光伏发电，太阳能光热发电研究相对滞后，技术转化率较低，商业化成本较高。但近几年，在全球范围内光热发电也得到了快速的发展，装机容量增长迅猛：2009 年底装机容量仅为 700MW；到了 2013 年底，全球太阳能光热发电市场已投运装机容量达到约 3452MW，当年新增装机约 606MW，包括商业化电站和实验示范项目在内的光热发电项目数量总计达到 120 个左右。全世界已建成的光热发电项目主要集中在美国和西班牙，阿联酋、印度、伊朗、意大利、德国、澳大利亚等国家也有一定分布。目前最大的商业化太阳能槽式发电站是 2013 年 10 月投运的美国 Solana 槽式电站，装机容量为 280MW；最大的商业化太阳能塔式发电站是 2014 年 2 月投运的美国 Ivanpah 光热电站，位于美国加州和内华达州交界的莫哈韦沙漠（Mojave Desert），总装机容量达 392MW。预计 2014~2020 年，全球太阳能光热行业将继续高速发展，光热发电也已开始由美国和西班牙两大传统市场转向澳大利亚、中国、智利、印度和中东北非地区等新兴市场。

太阳能光热发电在我国起步较晚，但目前国内自主研发的太阳能光热发电技术也逐步开始了商业化运作。亚洲第一座塔式太阳能光热发电站——八达岭太阳能热发电实验电站于2012年8月成功发电，该电站装机容量为1MW；2013年7月，青海中控德令哈50MW塔式太阳能热发电站一期10MW项目顺利并网发电。截至2014年底，全国已建成实现示范性太阳能热发电站（系统）6座，装机规模13.8MW，约20个试验项目（140万kW）处于前期阶段。2015年12月15日国家能源局下发了《太阳能利用“十三五”发展规划征求意见稿》，正式提出，到2020年底，要实现太阳能光热发电总装机容量达到1000万kW，太阳能光热利用集热面积保有量达到8亿$m^3$的目标。预计随着我国光热发电产业相关扶持政策的相继出台，必定有大量商业资本进入光热电站开发市场，更多的大型光热发电项目也将进入到快速推动阶段。

太阳能光伏发电具有布置简便、维护方便、利用起来清洁安全等特点，近十几年来应用面广泛，技术成熟，发展迅速，已逐步由补充能源向替代能源过渡，成为世界主流的电能供应形式之一。据“欧洲光伏产业协会”（European Photovoltaic Industry Association，EPIA）统计数据[9]，2015年全球新增太阳能光伏装机容量50.6GW，相较2014年的40.3GW，同比增长25.6%；累计装机容量增长了29%，达229GW。亚洲是全球光伏装机容量增长最快的地区，中国在政府政策的大力推动下，以15.15GW的年新增装机容量居全球首位，日本凭借11GW的新增装机容量位居全球第二。从而使得中国以43.5GW的累计装机容量，首次超越德国，成为世界上光伏累计装机容量最多的国家。2000年以来，世界光伏发电年装机容量和累计装机容量变化趋势如图1-3和图1-4所示。在世界各主要国家、地区对光伏产业利好政策的扶持下，全球光伏应用市场在可预见的几年内必将保持较快增长势头。

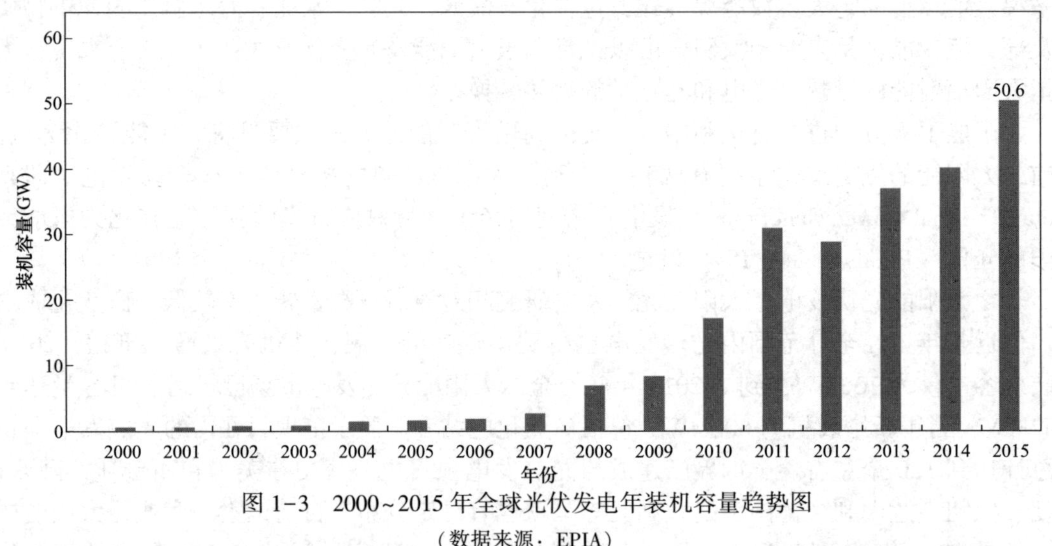


图1-3 2000~2015年全球光伏发电年装机容量趋势图

（数据来源：EPIA）

光伏电池产能方面，近几年太阳能电池总体呈逐年增长发展态势，发展趋向于平缓。2013年全球太阳能电池组件产能超过65GW，全年世界晶体硅太阳能电池片产量41.4GW，同比增长11.3%。从区域分布看，中国依然是最大光伏电池生产地：大陆以25.1GW的产量位居全球第一，产量约占全球总产量的63%；台湾地区依托于自身强劲的半导体产业基础，再加上美国“双反”的有利因素，产量同比增长55%，达到8.5GW，位居全球第二。此外，

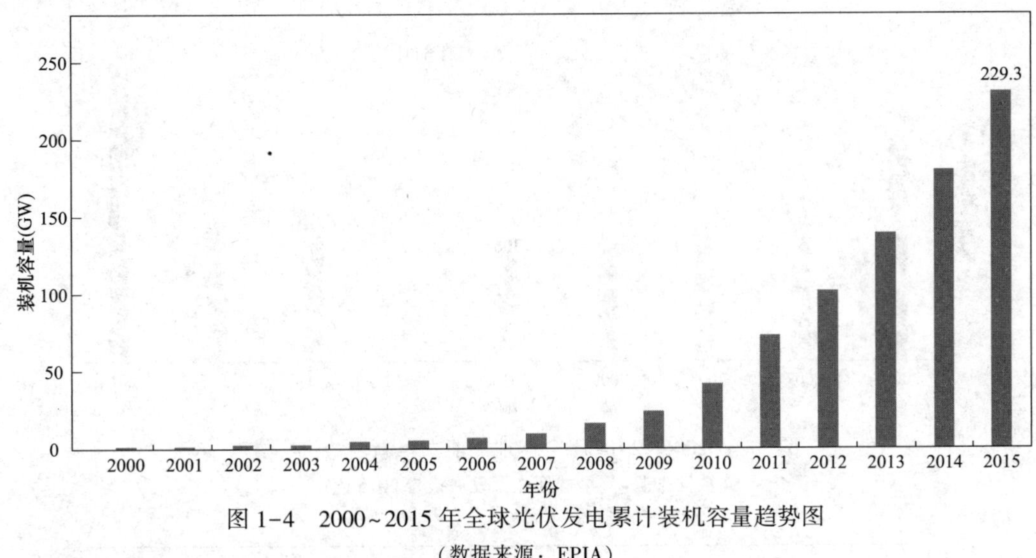


图 1-4　2000~2015 年全球光伏发电累计装机容量趋势图

（数据来源：EPIA）

马来西亚、新加坡等亚洲国家产量也已达到或接近吉瓦量级。

在光伏发电领域中，中国已经处于全球领先水平，形成了行业标准，在太阳能市场占据了主导地位，特别是在太阳能电池的生产能力等方面取得了卓越的成果。

今后光伏发电技术研发重点主要在于光伏电池板、光伏系统联网等关键技术研究，以实现逐步降低开发成本、进一步推进光伏发电技术的全面应用。全球光伏行业正由短期迅速扩张转向理性成长过渡，逐渐步入良性的发展阶段。技术的持续进步、产业的健康发展将促使光伏应用大范围平价上网时代的早日到来。但同时值得注意的是光伏行业仍然是贸易壁垒的重灾区，中国在欧洲、美国等市场还面临诸多阻碍。

3. 地热能发电状况

地热能（Geothermal Energy）是地球内部的能源资源，这种能量来自地球内部的熔岩，并以热力形式存在。地热发电是利用地下热水和蒸汽为动力源的一种新能源发电技术。其基本原理与火力发电类似，用高温高压地下蒸汽驱动汽轮机，先把地热能转换为机械能；再带动发电机发电，把机械能转换为电能。

1904 年，意大利在拉德瑞罗地热田建成了世界上第一个地热发电机组，使用地热驱动 0. 75 马力（1 马力 = 735. 499W）的发电机投入运转，为 5 个 100W 的电灯提供照明电力；1913 年拉德瑞罗的 250kW 地热电站建成并投入使用，标志着商业性地热发电的开端。此后，新西兰、菲律宾、美国、冰岛等国家相继投入开发地热资源，各类地热发电站不断涌现。但早期受政策、科技等因素影响，地热发电站总体发展较缓慢。20 世纪 70 年代两次世界性能源危机的爆发，引起了各国对于新能源利用的重视，地热发电技术有了长足的发展，装机容量增长较快。据统计，1980 年全世界地热发电总装机容量为 1960MW；而截至 2014 年底，地热能发电累计装机容量已达 12. 7GW。据 2015 年 4 月发布的《全球新能源发展报告 2015》[10]，2014 年全世界地热能发电新增装机容量达到 887MW，已连续 4 年呈现加速增长的态势。2006~2014 年全球地热能发电新增装机容量和累计装机容量如图 1-5 和图 1-6 所示。

目前，全世界已经有 25 个国家建设有地热发电站，从区域分布情况来看，亚太地区与

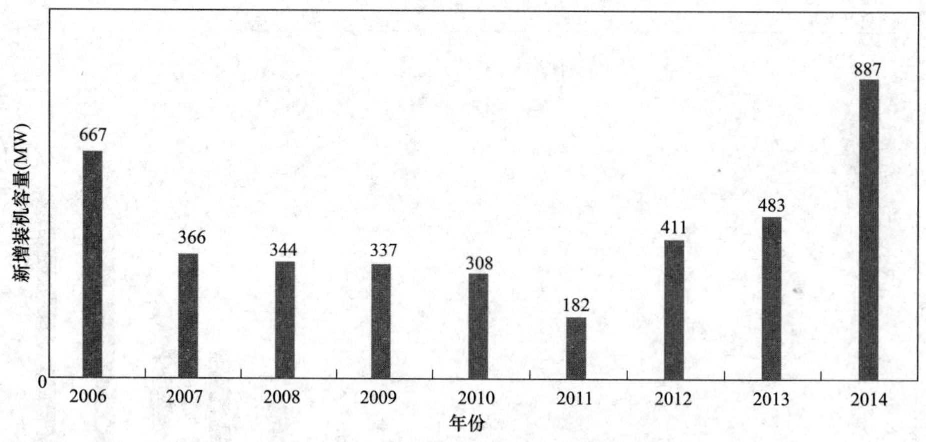


图 1-5 2006~2014 年全球地热能发电新增装机容量
（数据来源：《全球新能源发展报告 2015》）

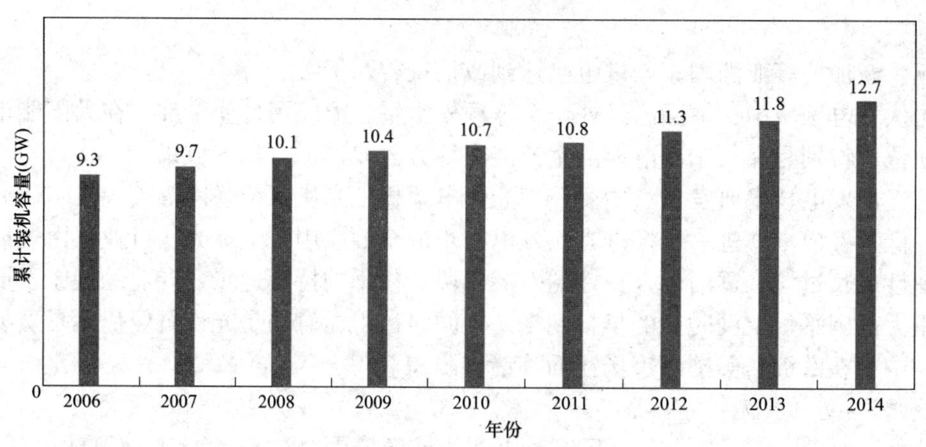


图 1-6 2006~2014 年全球地热能发电累计装机容量
（数据来源：《全球新能源发展报告 2015》）

美洲地区占主导地位，累计装机分别为 5. 04GW 和 4. 65GW。2014 年亚太地区地热能发电新增装机容量为 369MW，其中印度尼西亚达到了 202MW（包括装机容量达 110MW 的 ULU Belu 电站）是当年亚太地区地热能发电新增装机容量最大的国家，其根本原因，不仅在于印度尼西亚地热能资源丰富，更是与其政府致力于大力发展地热能发电的战略政策密不可分。截至 2014 年底，印度尼西亚累计装机容量已达 1. 45GW。美国是美洲地区地热能发电累计装机容量最大的国家，截至 2014 年底，累计装机容量已达到 3. 15GW，2014 年新增装机容量为 38MW，当年最重要的地热能发电项目是由 Ormat 公司建设的采用双循环技术的 Don Campbell 项目，装机容量为 16MW。我国 2014 年虽然在地热能发电新增装机容量方面并无较大突破，但在国务院发布的《能源发展战略行动计划（2014—2020 年）》中明确提出了 2020 年地热能利用规模达到 5000 万 t 标准煤的目标，可以预见政策的激励将极大促进中国地热能发电的发展。

4. 生物质能发电发展现状

生物质能（Biomass Energy）指太阳能以化学能形式贮存在生物质中的能量，包括所有的动物、植物、微生物及其产生的废弃物，即以生物质为载体的能量形式。它们直接或间接来源于绿色植物的光合作用，可以转化为常规的固态、液态和气态燃料。生物质能种类繁多，具有各自的属性特点，转化利用的方式也多种多样。而利用生物质能进行发电，是当前生物质能利用中比较有效成熟的方式之一。

生物质能发电主要是利用农业、林业和工业废料或垃圾为原料，采取直接燃烧或转换为某种燃料后燃烧，以所产生的热量进行发电的方式，主要包括生物质直接燃烧发电、生物质气化发电、垃圾发电、沼气发电及生物质直接液化制燃油发电等。

最早在 20 世纪 70 年代，人们就开始了对生物质发电技术的研究开发。在世界第一次能源危机的大背景下，丹麦较早开展了可再生能源的利用，在 Haslev 建设了装机容量为 5MW 的世界上第一座秸秆生物质燃烧发电厂，成为全世界公认的生物质能利用的强国。自 2002 年约翰内斯堡可持续发展世界首脑会议以来，欧美许多国家开始大力推行生物质发电技术，将其作为新世纪可再生能源发展的战略重点，加快了生物质能发电技术的推进。英国 Elyan 的秸秆生物质燃烧发电厂于 2000 年建成投运，装机容量达 38MW。美国生物质总发电容量已经超过 10GW，单机容量可以达到 10~25MW。目前世界上最大的生物质能项目是巴西的 Klabin Ortiguera 发电站，装机容量达 330MW。我国自 1987 年开始生物质能发电技术研究，2011 年 11 月广东粤电湛江生物质发电项目建成投产，投入商业运营，该项目机组装机容量为 2×50WM。

近年来全球生物质能发电装机容量持续上升，2013 年全球生物质发电新增装机 5. 5GW，累计装机规模达到 76. 4GW。2014 年全球生物质能行业保持温和增长态势，其中燃料乙醇产量与生物柴油产量较 2013 年略有增长，生物质及垃圾发电新增装机容量较 2013 年有较大增长。近年来我国相关部门采取了一系列的政策措施以推动生物质能发电行业的发展，使得我国生物质能发电装机规模不断扩大。根据中国国家可再生能源信息管理中心和水电水利规划设计总院于 2014 年 5 月发布的《2013 中国生物质发电建设统计报告》[11]，截至 2013 年底，我国生物质能发电累计并网发电装机容量达 7790. 01MW，遍布全国除青海省、宁夏回族自治区和西藏自治区以外 28 个省（市、区）。

与风能和太阳能等其他新能源发电技术相比，生物质发电技术具有电能质量好、稳定性高等优点，而且生物质发电技术种类繁多，可因地制宜选择最优的技术进行生物质能源的高效利用，发挥最大优势。生物质能发电发展潜力巨大，美国能源部预测，到 2025 年之前，在所有的可再生能源中生物质发电将会占据主导地位，势必成为新能源系统的支柱之一。

5. 海洋能发电发展状况

海洋能发电指利用海洋所蕴藏的能量发电。海洋能（Ocean Energy）是依附于海洋中的可再生能源，海洋通过各种物理过程接收、储存和散发能量，这些能量以潮汐、波浪、温度差、盐度梯度、海流等形式存在于海洋之中。海洋能具有蕴藏丰富、分布广、绿色清洁无污染的优点，但同时能量密度低，地域性强，开发利用受一定条件的局限。目前对海洋能开发利用的主要方式是海洋能发电，其中应用范围最广、技术最成熟的是潮汐能发电，波浪能和海流能发电已有少量示范项目建成，部分技术已经进入商业化阶段。

自 1913 年德国在北海海岸建立了世界上第一座潮汐发电站至今，海洋能发电已经有了 100 多年的历史，但尚未形成气候，项目在全世界呈零星分布。

从 2005~2014 年全球海洋能发电新增装机容量数据看，仅 2011 年新增装机容量表现突出，全球海洋能发电新增装机容量高达258MW，主要是因为装机容量为254MW的韩国始华潮汐能电站于当年建成投产，成为目前世界上装机规模最大的潮汐电站。而法国朗斯潮汐电站以240MW的装机容量紧随其后，使韩国和法国成为世界上利用海洋能发电的主要国家。国内比较著名的项目是位于浙江江厦的潮汐能电站，装机容量为4MW。

2014年全球海洋能发电行业延续了过去几年的萎缩态势，虽然行业融资规模增长较快，但新增装机容量几乎为零。截至2014年底，全球海洋能发电累计装机容量为519.8MW，其中潮汐能装机容量占海洋能总装机容量的97.9%。海洋能储量惊人，其开发利用的前景十分诱人，但目前距规模化经济还有一定距离。其发展受限主要原因是，同风能、太阳能等新能源发电技术相比，潮汐能发电成本较高，大型设备的安装存在一定技术难题，其未来的发展主要取决于融资情况和成本下降速度。

### 1.3.2 新能源与可再生能源发电发展战略趋势

部分新能源发电在世界范围内已经得到了较为快速的发展，风力发电、光伏发电、生物质能发电及水力发电等取得了长足的技术进步，形成了一定的经济规模，在能源和电力消费中占有重要地位。特别是一些欧美发达国家，已经成功完成了能源结构调整，将新能源发电放到了首位。

但总体上来看，目前新能源发电总量在全世界总的电力供应中的比例偏低，距离全面实现其商业化规模经济，完成由补充能源向支柱能源过渡，成为能源供应的主流供应方式还有一定的差距。受世界政治经济因素、政策制度的影响，各个国家对新能源发电开发利用的程度水平差异较大；而与传统常规能源相比，新能源发电市场化的最大瓶颈是成本居高不下，缺乏市场竞争力。

为实现能源战略转型，走可持续发展道路，目前国际上很多国家地区都为新能源发电的开发制定了长远的政策规划。2009年2月美国通过的新能源法案提出了对可再生能源及节能项目的投资，并设计了新能源的市场融资方式；欧盟也明确了新能源的发展目标，要求到2020年可再生能源占欧盟总能源消耗的比例要达到20%。据国际能源署（International Energy Agency，IEA）对2000~2030年国际电力需求的预测研究，随着全球能源战略的影响和科技发展，可再生能源发电的成本将大幅度下降，大大提升其市场竞争力。

特别是在当前的政治舆论环境和日本核危机局面下，许多国家都重新考量核战略。如德国政府做出了重大政策转向，顺应民众呼声不再延长核电站使用年限。预计在2022年底之前，德国将关闭国内所有核电站，成为首个彻底放弃核电这一能源方式的经济大国。而这一举措所产生的电力缺口将使新能源发电维持极高的景气度。

在政策激励和科学技术发展的双重推动作用下，新能源发电发展潜力巨大。IEA对国际电力需求的研究表明，未来多年内全球新能源发电将成为增长最快的电力供应方式，年增长速度将接近甚至超过6%，预计到2020年，全球能源供应增量中2/3将来自新能源，2035年新能源将成为世界第二大电力供应形式。

中国对新能源的开发利用虽然起步较晚，但近年来发展迅速。中国政府高度重视可再生能源的研究与开发，2006年《中华人民共和国可再生能源法》的制定及其在2009年的修订，以及后续一系列相关配套法规政策的制定，为促进可再生能源的开发利用，改善能源结构，实现经济社会的可持续发展提供了法律支持和政策保障。

在国家大力发展可再生能源政策的大力扶持下，近几年来我国可再生能源利用技术水平显著提高，产业化初具规模。新能源利用以年均超过 25% 的速度快速增长，发电并网装机容量持续增长，发电量不断增加。特别是在风力发电、太阳能发电和海洋能潮汐发电等领域，我国已经取得了令世人瞩目的成绩，成为领跑世界的新能源发电大国。

作为我国加快培育和发展的战略性新兴产业和国民经济的先导产业，新能源必将为国家解决能源危机、优化能源结构、缓解环境恶化、走向可持续发展之路提供坚实的能源物质基础。

[1] 朱永强. 新能源与分布式发电技术 [M]. 北京：北京大学出版社，2010.
[2] 惠晶. 新能源发电与控制技术 [M]. 北京：机械工业出版社，2012.
[3] 程明，张建忠，王念春. 可再生能源发电技术 [M]. 北京：机械工业出版社，2012.
[4] 尹忠东，朱永强. 可再生能源发电技术 [M]. 北京：中国水利水电出版社，2010.
[5] 张伟涛，冯蛟杰. 关于新能源概念界定的探讨 [J]. 商品与质量，2012 (S5)：308-308.
[6] 孙云莲，杨成月，胡雯. 新能源及分布式发电技术 [M]. 北京：中国电力出版社，2015.
[7] 世界风能行业前景广阔. http：//info. pf. hc360. com/2010/12/071350231875. shtml.
[8] GWEC. Global Wind 2015 Report [R].
[9] EPIA. Global Market Outlook for Solar Power 2016-2020 [R].
[10] 汉能控股集团. 2015 全球新能源发展报告 [R].
[11] 水电水利规划设计总院和国家可再生能源信息管理中心. 2013 中国生物质发电建设统计报告 [R].

# 第2章　风力发电及其并网技术

风能（Wind Energy）是由于阳光辐射至地球表面，不同区域地表温度和空气中水蒸气含量不同，引起气压差异而产生的空气对流运动即风所蕴含的能量，它一种广义上的太阳能表现形式。风能以天然形态存在于自然界，是一次能源。利用风能发电是一种清洁、可持续的能源利用方式，不会因为长期使用而减少，属于可再生能源。人类对风能的利用虽早在公元前几百年就已经开始，但在传统能源资源短缺、污染严重的背景下，近几十年来人们重新认识到利用风能发电的巨大发展潜力，开始系统研究利用并用以实现规模效应，所以风能也属于新能源。

## 2.1　风能特性与风力资源

### 2.1.1　风能的特性

风能是太阳能的一种转化形式，总体蕴量巨大，取之不尽。风能分布广泛，地区差异大，对其本身的利用不受垄断限制。

由于空气的密度较小，流动时产生的风能的能量密度较低。所谓风能密度，指气流在单位时间内垂直通过单位面积的风能。根据流体力学，风能的计算公式为

$$E = \frac{1}{2}mv^2 = \frac{1}{2}\rho S v^3 \tag{2-1}$$

式中：$E$ 为风能（W）；$m$ 为空气质量（kg）；$v$ 为风速（m/s）；$\rho$ 为空气密度，常温（15℃）标准大气压下等于1.225kg/m$^3$；$S$ 为气流的面积（m$^2$）。可见风能与风速的三次方成正比。风能密度 $W$ 即为

$$W = \frac{E}{S} = \frac{1}{2}\rho v^3 \tag{2-2}$$

风能及其密度与风速密切相关，风速每时每刻都是变化的，具有随机变化的特点。一般可以通过实际测量风速随时间变化的情况来了解某地区风速分布规律。大量的实测数据表明，一个地区长时间段内风速变化比较平缓并且发生在0~25m/s间的概率非常高[1]，而发生特别大的飓风的概率特别小。某地区观测到的一年中风速的采样如图2-1所示，其概率密度分布和累积概率分布如图2-2所示。研究表明，实际的风速是满足一定的统计规律的，通常用于拟合风速分布的数学模型有威布尔（Weibull）分布、瑞利（Rayleigh）分布和对数正态分布等。双参数威布尔分布由于表达简单并能较精确的拟合实际风速，在工程实践中应用最为广泛。双参威布尔分布的概率密度函数 $f(v)$ 和累积概率分布函数 $F(V)$ 分别为

$$f(v) = \frac{k}{c}\left(\frac{v}{c}\right)^{k-1} \exp\left[-\left(\frac{v}{c}\right)^k\right] \tag{2-3}$$

$$F(V) = \int_0^V f(v)\,\mathrm{d}v = 1 - \exp\left[-\left(\frac{V}{c}\right)^k\right] \tag{2-4}$$

式中：$c$ 为威布尔分布的尺度参数（m/s），反映平均风速；$k$ 决定了分布函数曲线的形状，称作威布尔分布形状参数。这两个参数可由该地区历史风速统计数据拟合得到。

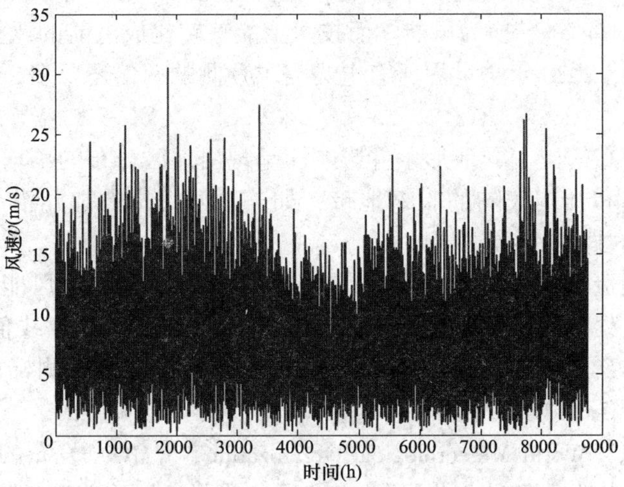


图 2-1　某地区一年风速实测数据

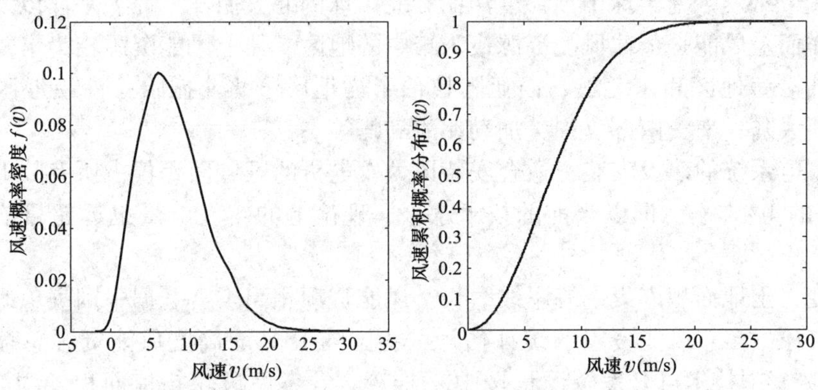


图 2-2　某地区年风速概率密度和累积概率分布

为了保证风力机的高效和平稳运行，便于风能的控制利用，一般希望风速在一定范围内越大越好，而风速的变化幅度越小越好。

风速大小不仅随时间随机变化，还随着相对地面高度的不同而变化，由于地表摩擦阻力的作用，一般在几千米高度以内，风速随高度的增加而逐渐增大。风速沿高度变化情况因地而异，大致可以用经验公式（2-5）来表示[2]：

$$\frac{v}{v_0} = \left(\frac{h}{h_0}\right)^k \tag{2-5}$$

式中：$v$ 是距地面高度为 $h$(m) 处的风速（m/s）；$v_0$ 是距地面高度为 $h_0$(m) 处风速（m/s）；$k$ 为修正指数，其值大小与地面平整程度、大气的稳定度等因素有关，变化范围为 1/8～1/2，一般在开阔、平坦、稳定度正常的地区取 1/7。气象观测标准高度在距地面 10m 处，而风力机输出的功率取决于风力机叶轮轮毂中心高度处的风速。

### 2.1.2 风能资源的分布

作为一种可再生能源，风能资源极其丰富，总蕴藏量巨大。尽管到达地球的太阳能中仅有极少部分转化为风能，但其总量非常可观。据资料统计，每年外太空向地球辐射的能量有 $1.5\times10^{18}$kWh，其中约有2%转换为风能。而技术上能够转化成电能的风能资源每年达到 $5.3\times10^{14}$kWh，这个数字比2020年全世界所有电力需求预测的两倍还要多，可见风能具有极大开发利用潜力。

全球风能资源分布广泛，受地形条件影响，呈现出地区分布的不均衡性。风能资源集中的区域一般位于沿海和开阔大陆的收缩地带，如美国西海岸的加州沿岸以及中国的东南沿海、内蒙古、新疆和甘肃一带等。

考虑到风力机制造技术和成本以及与其他常规能源价格对比，风能利用是否经济取决于风力机轮毂中心高度处的最小年平均风速，当前技术条件下这一界线值大约为5m/s。据世界能源理事会的估计，地球陆地表面中约有27%的面积在气象观测标准高度即距地面10m处的年平均风速高于5m/s[3]。

据世界气象组织（World Meteorological Organization，WMO）发布的世界风能资源分布估计，赤道地区风速基本都处于3m/s以下；南北回归线附近风速普遍较高，基本处于6～7m/s以上；沿海地区风能资源较集中，除赤道及某些特殊区域外，大部分地区的风速都能达到6～7m/s以上，甚至9m/s。南半球中高纬度洋面和北半球的北大西洋、北太平洋以及北冰洋的中高纬度部分洋面上风能是全球风能资源最为集中的地区。陆上风能资源较为丰富的区域主要集中在各大陆沿海地区和东北亚、西亚阿拉伯半岛地区、北非撒哈拉沙漠地区以及南非、大洋洲、北美大陆、南美南部、中美加勒比海岛屿等。

考虑到风力发电系统的建设安装，适合安装风力发电机的区域面积仅占所有陆上风力大于5m/s地区面积的4%左右。但以当前的技术水平，理论上的年发电量也远超目前全球能源消耗总量。

我国气候多变，土地面积广袤、海岸线绵长，风能资源相当丰富。据中国气象研究中心对全国900多个气象站多年风能资料的统计估计，我国陆上10m高度风能资源总存储量约为 $3.226\times10^{10}$kW，其中技术可开发资源量按10%推算，并考虑风轮扫掠面积，约为 $2.53\times10^{9}$kW；近海10m高处风能可开发资源总储量为 $7.5\times10^{9}$kW，风能资源总蕴藏量位居世界前列[4]。

就区域分布来看，中国的风能资源分布比较集中，80%主要分布在东部沿海和三北地区（即西北、华北、东北地区），内陆也有一些区域风能分布非常丰富[3]。具体而言：①北部地区包括东北三省、河北、内蒙古、甘肃、宁夏和新疆等省（自治区）近200km宽的地带风能资源集中。风功率密度在200～300W/m²，高的甚至超过500W/m²以上，如内蒙古的蒙东和蒙西、新疆哈密、甘肃酒泉、河北坝上、吉林西部等。②沿海及其岛屿地区，包括山东、江苏、上海、浙江、福建、广东、广西和海南等省（市、区）近海10km宽的地带，风功率密度可达200W/m²以上，待开发利用价值可观。③内陆地区风能资源较为分散，但在四川西南部、两广北部、湖南和江西南部、浙江西部和陕西南部等地区蕴藏的风能非常丰富，具有较大的开发利用价值。④海上风能资源丰富，东部沿海水深小于15m的海域面积辽阔，具有开发利用海上风电的广阔的发展前景。而青藏高原，包括西藏、青海、川西地区，虽然该区域年平均风速相当高，但由于海拔过高，空气密度太低，反而风能功率密度很低，风资源比较贫乏。

## 2.2 风力发电机组

风力发电机组是将风的动能先通过风力机转化成机械能，再通过发电机将机械能转换成电能输出的风能应用系统。利用风能进行发电是现代规模化风能利用的主要形式。

根据系统的运行方式，风力发电机组可以分为离网型运行机组、互补运行机组和并网型运行机组[5]。离网型风力发电系统也称作独立运行的风电系统，风电机组不接入电网运行，直接向远离电网的用户供电，主要应用于地处偏僻、居民分散的山区、海岛等电网延伸不到的地区，以解决当地照明等生活用电和部分生产用电。离网型风电机组容量几百瓦至几十千瓦，一般配备有蓄电池等储能环节以保证供电的可靠性。互补运行方式是风力发电与光伏发电等其他发电形式联合发电，以实现不同发电形式的优势互补。并网型风力发电系统与大电网相连，向电网输送电能，并由大电网提供平抑负荷波动、无功补偿等各种辅助功能。并网运行的风力发电场能够得到大电网支撑，减小因为风电间歇性和不稳定性造成的供电不可靠，是现代风电产业发展的主流，也是本书研究的重点。

从功能上说并网型风力发电系统包括风力机及其控制系统与发电机及其控制系统两个部分。

### 2.2.1 风力机

风力机（Wind Turbine）是将风能转换为机械能的动力机械，按转轴与风向的关系可以分为水平轴风力机（风机旋转轴与风向平行）和垂直轴风力机（风机的旋转轴与风向垂直）[3]。由于垂直风力发电机效率低，并且要实现规模化并网运行还有一些技术问题尚未完全解决，因此目前世界上比较成熟、应用广泛的并网型风力发电机多为水平轴风力发电机，其主流机型机组容量从几百千瓦到几兆瓦。

水平轴风力机结构上主要包括桨叶（叶片）、轮毂、机舱和塔架。轮毂和安装在轮毂上的桨叶共同组成风轮，用于接收风能；塔架支撑风轮使其在距地面较高的位置以获得较高的风速；而发电机、调速装置、传动装置、偏航装置和控制系统等都集中安装在机舱内。图 2-3 是维斯塔斯（Vestas）公司生产的 3.0MW 风力发电机 V90 的结构图。

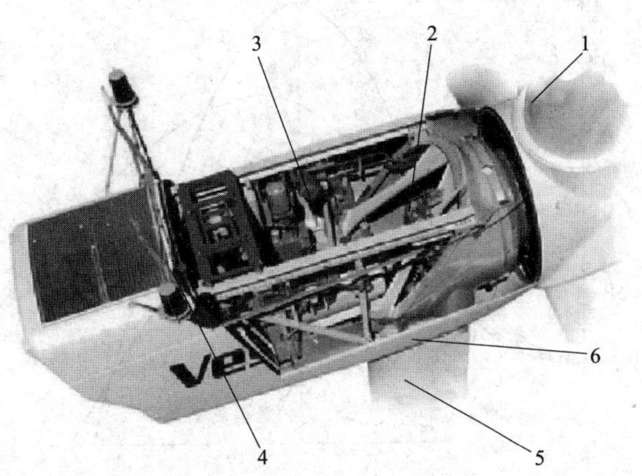


图 2-3　风力发电机结构及机舱布置图（Vestas V90）

1—桨叶；2—风力机传动系统；3—发电机；4—控制系统；5—塔架；6—偏航系统

1. 风力机的空气动力特性

风力机将风能转换为机械能，由于风流经风轮后速度不可能降至零，即使是完全垂直通过风轮旋转面的风能也不可能全部被风轮所吸收。因此无论采用何种形式的风力机，只能有风的一部分能量可以被吸收转化为桨叶的机械能。风轮吸收风能转换而成的机械能 $P_m$ 与风轮旋转面积内气流所具有的风能的百分比，称作风能利用系数 $C_p$，用于表征风力机将风能转化为机械能的能力，它反映了风力机的效率。计及式（2-1），风轮从风中吸收的功率 $P_m$ 可表示为

$$P_m = \frac{1}{2}\rho A v^3 C_p = \frac{1}{2}\rho \pi R^2 v^3 C_p \tag{2-6}$$

式中：$A$ 为风轮扫掠面积（$m^2$）；$R$ 为叶片半径（m）。

根据贝兹（Bets）定律，风力机风能利用系数 $C_p$ 的理论最大值是 59.3%[3]，考虑到风轮结构、机械损耗等因素的影响，实际水平轴风力机风能利用系数 $C_p$ 的最大值为45%左右。当风力机桨叶已经确定之后，风力机风能利用系数 $C_p(\lambda, \beta)$ 仅是叶尖速比 $\lambda$ 与桨距角 $\beta$ 的高阶非线性函数[6]。桨距角（Pitch Angle）$\beta$ 指的是叶片弦线与旋转平面的夹角；而桨叶的叶尖旋转圆周速度与风速之比称作叶尖速比 $\lambda$，用以描述风轮在不同风速中的状态：

$$\lambda = \frac{R\omega}{v} = \frac{2\pi R n}{v} \tag{2-7}$$

式中：$\omega$ 为风轮机械角速度（rad/s）；$n$ 为风轮转速（r/min）。

风能利用系数 $C_p$ 与叶尖速比 $\lambda$ 和桨距角 $\beta$ 的关系如图 2-4 所示，可见 $C_p$ 随桨距角 $\beta$ 的增大显著减小；而对于某一桨距角（定桨距），具有唯一的使 $C_p$ 取得最大的叶尖速比，称作最佳叶尖速比 $\lambda_{opt}$，对应最大风能利用系数 $C_{pmax}$[7]。为了提高风力机效率，使 $C_p$ 维持在最大值，当风速 $v$ 变化时，需要有变化的风力机转速 $\omega$ 相对应，使之运行于最佳叶尖速比；同时调节桨距角处于最佳角度时（由于桨叶形状设计，实际变桨距风力机一般桨距角为 2°~3°时 $C_p$ 最大）即可获得最大输出功率。恒速风力机的转速恒定不变，不能随风速变化，$\lambda$ 无法始终保持在 $\lambda_{opt}$，$C_p$ 也会与 $C_{pmax}$ 相差较多，因此恒速风电机组比变速风电机组效率要低。

桨距 $\beta$ 固定时，风力机在不同风速 $v$ 下输出的机械功率 $P_m$ 与风力机转速 $\omega$ 的关系如图 2-5 所示，图中的风力机最佳功率曲线实际上就是不同风速下最大功率点的连线[8]。故要提高

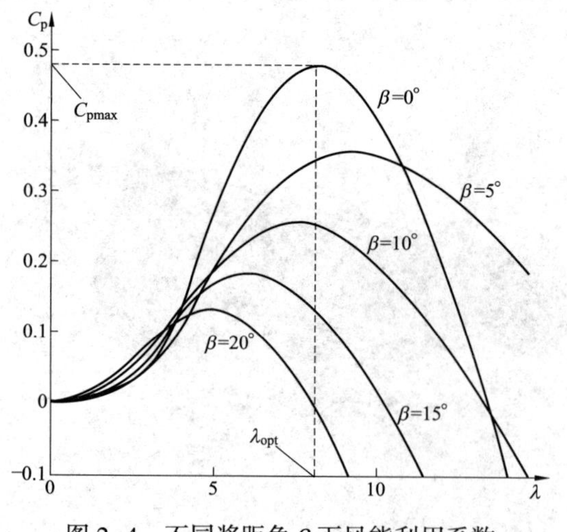


图 2-4　不同桨距角 $\beta$ 下风能利用系数 $C_p$ 与叶尖速比 $\lambda$ 的关系

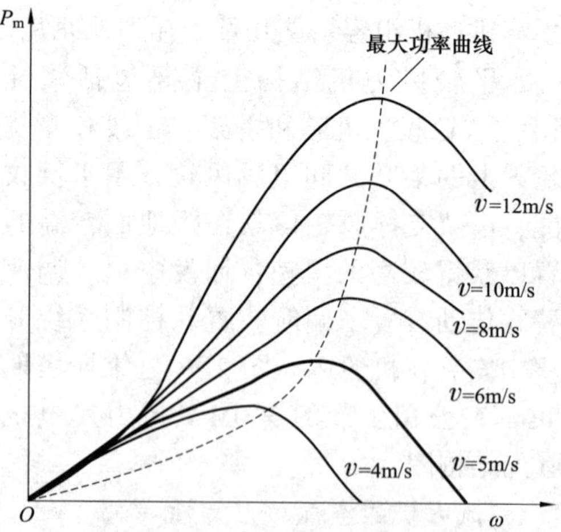


图 2-5　风力机输出机械功率 $P_m$ 与风力机转速 $\omega$ 关系

风能利用的效率，捕获当前风速下的最大风能，就应该在风速变化时调节风力机转速，从而保持最佳叶尖速比和最大风能利用系数，实现所谓最大功率跟踪（Maximum Power Point Tracking，MPPT）。常用的用于实现这种 MPPT 的控制方法有基于最佳尖速比的最大功率跟踪控制、基于风力机功率曲线的最大功率跟踪控制和基于最优转矩控制的最大功率跟踪控制等多种。

2. 风力机的功率特性

风力机的功率通常根据一个确定的设计风速来设计，在此风速下风力机工作状态最为理想，但风力机实际输出功率受某些条件的限制。风机启动时，需要一定的最低扭矩，风力机的启动扭矩需要大于这个最低扭矩。而启动扭矩主要与叶轮安装角和风速有关，因此风力机有一最低工作风速，称作切入风速 $v_{ci}$，风速达到切入风速时，风力发电系统才能够开始工作。风力机达到额定功率输出时的风速称作额定风速 $v_r$，此时风力发电系统开始满功率运行，风速超过额定风速时，利用调节系统使输出功率保持恒定。当风速超过技术上规定的最高值时，风力机有损坏的危险，基于塔架安全和风轮强度等安全方面的考虑，风力机应立即停车，即每一风力机都有规定最高风速，称作切出风速 $v_{co}$[9]。风速达到或超过切出风速时，风力发电系统应停止运行，输出的功率为零。风力机的切入风速、切出风速和额定风速等参数一般由生产厂商提供。对于风力机来说，可利用的风能是在切入风速与切出风速之间的风速段，这个范围的风能称作有效风能。

风力机发出的有功功率虽可由式（2-6）计算，但风能利用系数 $C_p$ 的数值大小需通过试验或仿真求解，而在风力机的稳态仿真中，$C_p$ 的计算较为烦琐。同时工程计算中一般需要关注的是风电机组输出的有功功率，可以根据风电机组的风功率特性曲线计算一定风速下的有功功率，风功率特性反映了风电机组输出的有功功率与风速的对应关系[10]。一般情况下，每台风电机组在出厂时，生产厂商都会根据风电机组的设计情况，为用户提供机组的风功率特性曲线、风力机最大输出功率曲线曲线、风力机不同风速下的转速特性曲线、齿轮箱等传动部分传输效率曲线及发电机效率曲线（由电机试验测得）。如图 2-6 所示为标准空气密度 1.225kg/m$^3$ 下 GW87/1500 直驱永磁风电机组风功率特性曲线（数据来源于产品说明书）。

通过曲线拟合同时考虑到风力机的功率与风速的关系，风电机组的功率风速特性可以近似用式（2-8）描述[11]：

$$P=\begin{cases}0 & v \leqslant v_{ci} \text{ 或 } v > v_{co} \\ P_r \times \dfrac{v^3 - v_{ci}^3}{v_r^3 - v_{ci}^3} & v_{ci} < v \leqslant v_r \\ P_r & v_r < v \leqslant v_{co}\end{cases} \tag{2-8}$$

式中：$P_r$ 为风电机组额定功率。

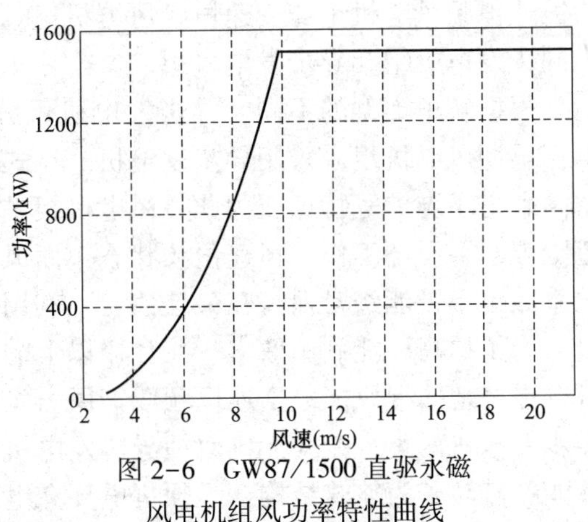

图 2-6　GW87/1500 直驱永磁风电机组风功率特性曲线

3. 风力机的功率调节

风力机输出功率与风速的三次方成正比，当风速超过额定风速时，由于设备部件机械强度、电力电子器件容量和发电机以及齿轮传动机构的限制，必须降低风轮的捕获能量，使输出功率保持在额定值附近，以减少叶片和风力机受到的冲击，保证风力机的安全。

调节风力机输出功率的方式主要是调节风能利用系数 $C_p$，而 $C_p$ 与风力机叶片空气动力特性密切相关，因此，通过调节风力机叶片空气动力特性即可实现风力机输出功率的调节。风力机的功率调节方式主要有定桨距功率调节和变桨距功率调节两种[2,3]。

（1）定桨距功率调节。所谓定桨距指桨叶与轮毂做刚性连接，即叶片被固定安装在轮毂上，桨距角 $\beta$ 固定不变，风速变化时，桨叶的迎风角度不能随之变化。此种风力机的功率调节完全依靠桨叶翼型本身的失速特性。当风速高于额定风速时，气流的功角增大到失速条件，使桨叶表面产生气流分离，降低效率，风力机风轮捕获风能的能力下降。风力机输出功率不再随风速的上升增加，而是保持在额定值附近，从而达到限制功率的目的。定桨距调节方式结构简单、调节可靠，但叶片重，桨叶、轮毂、塔架等部件受力较大，而且无法精确控制风功率的捕获，主要使用于几百千瓦的中小型风力发电机组。

（2）变桨距功率调节。变桨距风力机的桨叶与轮毂通过轴承连接，可以通过控制机构改变叶片桨距角 $\beta$ 的大小，改变叶片的风能捕获能力，进而调节风力机的输出功率。低风速时，使风力机桨距角保持在 2°~3°，通过发电机调速系统控制转速跟随风速变化使风力机运行于最佳叶尖速比，实现最大风能捕获；风速高于额定风速并继续上升时，仅依靠风电机组转速控制与变速恒频控制不能解决高于额定风速时的能量平衡问题，此时需要通过将风力机的桨距角向失速方向调节，增大桨距角减小风能的捕获以限制机组功率输出，稳定高风速下的额定功率。

变桨距调节方式桨叶受力较小，结构轻巧，但是需要增加一组桨距调节系统，控制比较复杂，一般用于兆瓦级以上的大容量风电机组控制中。随着风电技术的发展成熟，变桨距风力机得到了广泛的推广应用，从风电机组的大容量发展趋势上看，变桨距调节方式将会逐步取代定桨距调节方式。

### 2.2.2 风力发电机

风力发电机把风力机吸收的机械能转换为电能输出到电网。风力发电系统与电网并网运行，要求风电输出频率必须保持恒定并与电网一致，风力发电系统可按发电机转速的不同分为恒速恒频风电机组与变速恒频风电机组。根据所采用发电机的类型，风力发电机组又可分为同步发电机组和异步发电机组。

根据转子类型的不同，异步发电机可分为笼式和绕线转子式，由于其结构简单易于并网，早期风电机组多采用异步发电机。笼式异步感应发电机因机械结构简单、可靠性高、效率高和易于维护等特点成为此类风电机组中广泛采用的发电机类型。异步发电机转差率变化范围很小，设计工作于恒速恒频状态，而风速是随机变化的，即使采用变桨距叶片，风能利用系数也不可能经常保持在最佳值，不利用最大风能捕获。

为了提高风能利用效率，兆瓦级以上的风力发电机常采用双馈异步发电机，其变速运行可以更好地捕捉风能。变速恒频双馈风力发电机分笼式无刷双馈异步发电机和绕线转子双馈异步发电机两类。笼式无刷双馈异步发电机定子有两套极数不同的绕组，有较好的异步运行性能；其转子为笼式结构，无须集电环和电刷，运行可靠性高。这些优点使得无刷双馈电机成为当前研究的热点。但目前这种发电机在输出电流波形、功率因数等性能方面还有较大改进空间，因此在工程中应用较为广泛的是绕线转子双馈风力发电机组[6,12]。

同步发电机分电励磁同步发电机和永磁同步发电机。由于并网要求较严格，早期同步发电机在风力发电系统中应用不多，但随着现代电力电子技术的发展，全功率电力电子变换器的出现解决了其并网的瓶颈问题，同步发电机逐步被广泛应用于风力发电系统。我国永磁材料资源丰富，永磁发电机技术成熟，最早将永磁同步发电机应用于风力发电系统中[13]。

因此在实际工程中，风力发电系统中的发电机类型主要集中于基于笼式异步发电机的恒速恒频风电机组、基于绕线式双馈异步发电机的变速恒频风电机组和基于永磁式同步发电机的直驱型风电机组三种类型。当前新增的大型风电机组中恒速恒频异步风电机组已不多；由于技术上的优势，双馈风力发电机组还是比较主流的风电机组类型，2013 年我国新增风电机组中，双馈异步发电机组约占 69%；而直驱永磁同步发电机组正在逐渐取代双馈异步发电机组的主导地位[14]。由于大规模风力发电应用是近几十年的事情，恒速风电机组多为 20 世纪 90 年代投入运行，虽然市场占有率在下降，但仍有相当数量的机组在运行。研究风力发电及其并网技术，需要考虑到各种不同类型风电机组并存的现状。本章在介绍风力发电机基本原理与风电并网运行时也以这三种类型的风电机组为主。

1. 恒速恒频异步风力发电机组

(1) 恒速恒频异步风力发电机组（Fixed Speed Induction Generator set，FSIG set）的结构。恒速异步风力发电机组由齿轮箱、异步发电机、软启动装置和无功补偿装置组成[15]，如图 2-7 所示。

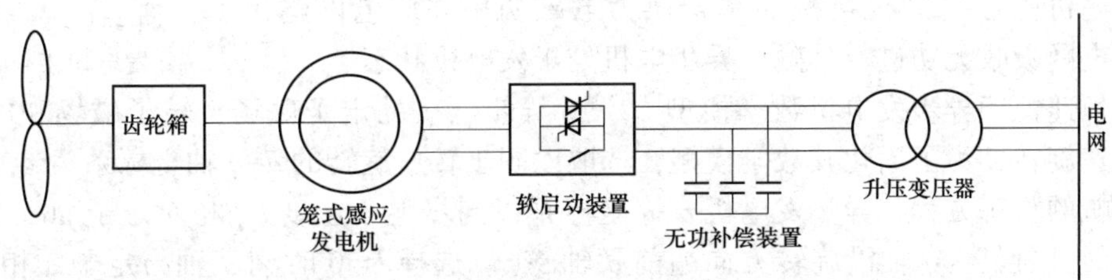


图 2-7　恒速恒频异步风力发电机组结构

风力机转速较低，一般为 10~30r/min，而异步发电机转速较高（如 4 极异步电机额定转速在 1500r/min 左右），需要用增速齿轮箱连接高速的发电机与低速的风力机。笼式异步感应发电机定子绕组与电网相连，并网后磁场旋转频率与电网频率相同，转差率通常保持在 2%~5%，转速变化范围小，故称作恒速型发电机。为了尽可能多地捕获风能，恒速风力机必须按照装机地区最可能的风速来设计其最佳转速。风速发生改变时，恒速风电机组运行效率将要降低。

笼式异步发电机的转子由铁芯和转子导条构成，转子导条嵌入铁芯槽，铁芯两端用铝或铜质端环将导条短接。转子无须外加励磁，没有电刷和集电环，因此结构简单可靠。

异步感应发电机若直接并网，机组投入操作时会产生较高的并网电流，一般通过电力电子软并网装置限制并网时的冲击电流，得到较为平滑的并网过渡过程。恒速恒频异步发电机组本身没有励磁系统，运行时需要从电网中吸收无功来建立磁场，导致电网的功率因数降低，因此当风电场容量较大或者与弱系统相连时，通常需要在发电机出口处安装无功补偿装置来进行无功补偿，以维持节点电压。

恒速恒频风电机组额定功率通常在 1000kW 以下，20 世纪 80 年代到 90 年代工程应用中的风力发电机大多为这种类型，目前仍有一些厂商在生产这种风电机组。

（2）恒速恒频异步感应发电机工作原理。异步感应发电机工作原理如图 2-8[15~18] 所示。发电机定子绕组与频率恒定的电网直接相连，定子绕组电动势与电流的频率由电网频率决定。由于定子三相绕组呈对称分布，绕组中流过对称三相电流时，就会在气隙中形成以同步转速 $n_1$ 旋转的磁场。当转子在风力机驱动下以转速 $n$ 旋转时，转子绕组与定子旋转磁场有着 $n-n_1$ 的转速差，即转子绕组与定子磁场存在相对运动，因而在转子绕组中感应出电动势，在闭合的转子绕组回路中产生交变的感应电流，这电流在磁场中受力，产生制动的电磁转矩 $T_e$。三相转子绕组中的交变感应电流在气隙中形成转子旋转磁场，相对定子绕组以同步转速 $n_1$ 旋转，在定子绕组中感应出电动势和电流，送入外电网。

定义异步电机转差率 $s$ 为

$$s = \frac{n_1 - n}{n_1} \tag{2-9}$$

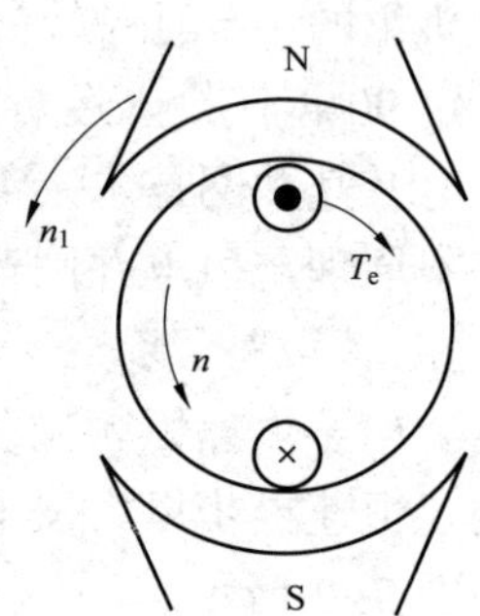


图 2-8　异步感应发电机工作原理

式中：$n_1$ 为电网同步转速；$n$ 为异步电机转子转速。异步电机定子三相绕组电流产生转速等于电网同步转速 $n_1$ 的旋转磁场，当异步电机转子转速 $n$ 小于同步转速 $n_1$ 时，转差率 $0<s<1$，异步电机从电网吸收有功和无功，转子输出机械功率，异步电机工作在电动机状态；当异步电机在风力机的驱动下转速 $n$ 超过同步转速 $n_1$，转差率 $s<0$ 时，异步电机吸收原动机机械功率转换为电磁功率并向电网输出，但仍需从电网吸收无功进行励磁，异步电机处于发电机状态。

（3）恒速恒频异步发电机数学模型[17-22]。异步电机的定子磁场、转子磁场和电气量都以同步转速旋转，为了简化其数学模型，选取以同步转速旋转的 $d-q$ 轴坐标系为参考坐标系建立发电机的状态方程。异步发电机 $d-q$ 坐标系以同步电角速度 $\omega_s$ 相对定子 abc 三相静止坐标系逆时针旋转，$q$ 轴沿旋转方向超前 $d$ 轴 90°。选择 $t=0$ 时刻 $d$ 轴与定子 a 相轴重合，则时刻 $t$ 时 $d$ 轴与定子 a 相的相位移为 $\omega_s t$，发电机定、转子电流参考方向沿用电动机惯例，以流入电机方向为参考正方向，则同步旋转坐标系下的发电机电压方程为

$$\begin{cases} u_{ds} = R_s i_{ds} - \omega_s \Phi_{qs} + \dfrac{d\Phi_{ds}}{dt} \\ u_{qs} = R_s i_{qs} + \omega_s \Phi_{ds} + \dfrac{d\Phi_{qs}}{dt} \\ u_{dr} = R_r i_{dr} - s\omega_s \Phi_{qr} + \dfrac{d\Phi_{dr}}{dt} = 0 \\ u_{qr} = R_r i_{qr} + s\omega_s \Phi_{dr} + \dfrac{d\Phi_{qr}}{dt} = 0 \end{cases} \tag{2-10}$$

式中：下标 s、r 分别表示定子与转子；下标 $q$、$d$ 则代表 $q$ 轴与 $d$ 轴分量；$\Phi$ 表示磁通链。磁链方程为

$$\begin{cases} \Phi_{ds} = L_{ss} i_{ds} + L_m i_{dr} \\ \Phi_{qs} = L_{ss} i_{qs} + L_m i_{qr} \\ \Phi_{dr} = L_{rr} i_{dr} + L_m i_{ds} \\ \Phi_{qr} = L_{rr} i_{qr} + L_m i_{qs} \end{cases} \tag{2-11}$$

式中，$L_{ss}=L_{aa}-L_{ab}$，$L_{rr}=L_{AA}-L_{AB}$，$L_m=\dfrac{3}{2}L_{aA}$，其中 $L_{aa}$ 为定子绕组自感，$L_{ab}$ 为定子绕组间互

感，$L_{AA}$ 为转子绕组自感，$L_{AB}$ 为转子绕组间的互感，$L_{aA}$ 为定子和转子之间互感的最大值。普通笼式异步发电机转子绕组短接，转子侧电压为零，即式（2-10）中 $u_{dr}=0$，$u_{qr}=0$。

而转子运动方程为

$$J\frac{\mathrm{d}\Omega_r}{\mathrm{d}t}=T_m-T_e \tag{2-12}$$

式中：$\Omega_r$ 为转子机械角速度；$J$ 为发电机转动惯量；$T_m$ 为机械转矩；$T_e$ 为电磁转矩，可由式（2-13）计算。

$$T_e=\frac{3}{2}p(\Phi_{ds}i_{qs}-\Phi_{qs}i_{ds})=\frac{3}{2}pL_m(i_{qs}i_{dr}-i_{ds}i_{qr}) \tag{2-13}$$

式中：$p$ 是发电机极对数。式（2-10）~式（2-13）即为异步电机在两相同步速旋转 $d-q$ 坐标系下的数学模型，值得注意的是，异步电机数学模型的描述方式并不唯一。

发电机定子的瞬时有功功率和无功功率为

$$\begin{cases}p_s=\dfrac{3}{2}(u_{ds}i_{ds}+u_{qs}i_{qs})\\ q_s=\dfrac{3}{2}(u_{qs}i_{ds}-u_{ds}i_{qs})\end{cases} \tag{2-14}$$

在稳态条件下，磁链恒定不变，则异步发电机模型可简化为相量形式：

$$\begin{cases}\dot{U}_s=(R_s+\mathrm{j}X_s)\dot{I}_s+\mathrm{j}X_m(\dot{I}_r+\dot{I}_s)\\ \dot{U}_r=\left(\dfrac{R_r}{s}+\mathrm{j}X_r\right)\dot{I}_r+\mathrm{j}X_m(\dot{I}_r+\dot{I}_s)=0\end{cases} \tag{2-15}$$

式中：$X_s=\omega_s(L_{ss}-L_m)$ 为定子漏电抗；$X_r=\omega_s(L_{rr}-L_m)$ 是转子漏电抗；$X_m=\omega_sL_m$ 为励磁电抗，参数均已折算到定子侧。对应的等效电路如图 2-9 所示。

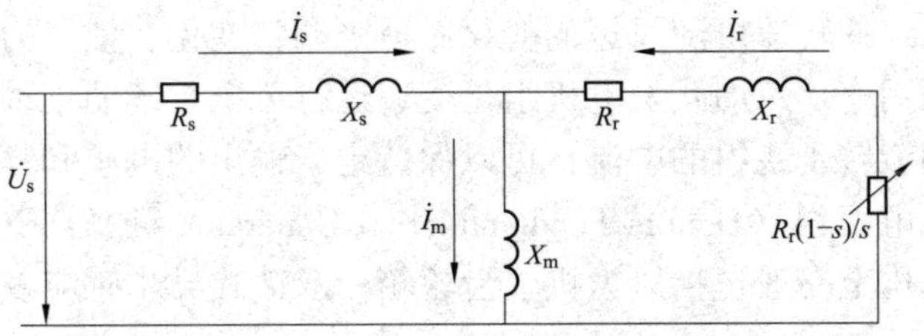


图 2-9　异步发电机 T 型等值电路

异步电机既可作为电动机运行，又可作为发电机运行，不同的运行状态对应不同的转差率（电动机 $s>0$；发电机 $s<0$），并且能量传递的流向也有所不同。用作发电机时，风力机输出到异步发电机转子轴上的机械功率为 $P_m$，扣除转子的机械损耗和杂散损耗为传递到异步发电机转子的实际机械功率，即可变电阻 $R_r(1-s)/s$ 上的电功率。输入的机械功率扣除转子铜耗即为转子通过气隙传送到定子的电磁功率，该电磁功率再减去消耗于定子绕组电阻的铜耗和消耗于定子铁芯的铁耗，即为异步发电机输出的电功率 $P_e$。

容量较大的异步电机有 $X_m\gg X_s$，可忽略定子电阻和铁芯功率损耗并将励磁支路前移，得到异步发电机的 $\Gamma$ 型等效电路如图 2-10 所示。

根据其 $\Gamma$ 型等效电路，异步发电机注入电网的有功功率 $P_e$、无功功率 $Q_e$ 和功率因数角

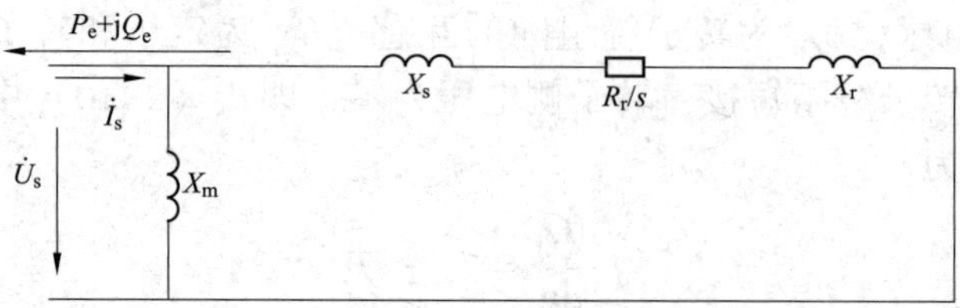


图 2-10 异步发电机 Γ 型等效电路

$\varphi$ 为

$$P_e = \mathrm{Re}\left[-\dot{U}_s\left(\frac{\dot{U}_s}{\mathrm{j}X_m//\left(\frac{R_r}{s}+\mathrm{j}X\right)}\right)^*\right] = \frac{-sR_r}{R_r^2+s^2X^2}U_s^2 \tag{2-16}$$

$$Q_e = \mathrm{Im}\left[-\dot{U}_s\left(\frac{\dot{U}_s}{\mathrm{j}X_m//\left(\frac{R_r}{s}+\mathrm{j}X\right)}\right)^*\right] = \frac{-s^2X}{R_r^2+s^2X^2}U_s^2 - \frac{1}{X_m}U_s^{\,2} < 0 \tag{2-17}$$

$$\varphi = \arctan\left(\frac{R_r^2+X(X+X_m)s^2}{R_rX_ms}\right) \tag{2-18}$$

其中 $X=X_r+X_s$。可见，异步发电机发出的有功和吸收的无功是发电机节点电压 $U_s$ 和转差率 $s$ 的函数。而且无论吸收或者发出有功，感应电机都消耗无功以补偿感抗损耗，为了避免从电网吸收无功并维持机端电压，常在端口装设无功补偿设备。

恒速恒频风电机组结构简单、运行可靠、过载能力强、无失步问题、造价低、运行维护费用低；但运行时需要系统的无功支持，对电网电压稳定有一定的影响。

2. 双馈异步风电机组

变速恒频风电机组的转速可随风速的变化做适当调整变化，使风力机始终运行在最佳状态，提高了风能的利用率。双馈式发电机组是变速运行风电系统的一种，当发电机的负载和转速变化时，通过调节转子绕组的电流，可以保持定子输出的电压和频率恒定不变。

（1）双馈异步风电机组（Double Feed Induction Generator set，DFIG set）的结构。双馈异步风力发电机组结构上一般包括风力机、齿轮箱、双馈式异步感应发电机和电力电子变流装置，如图 2-11 所示。

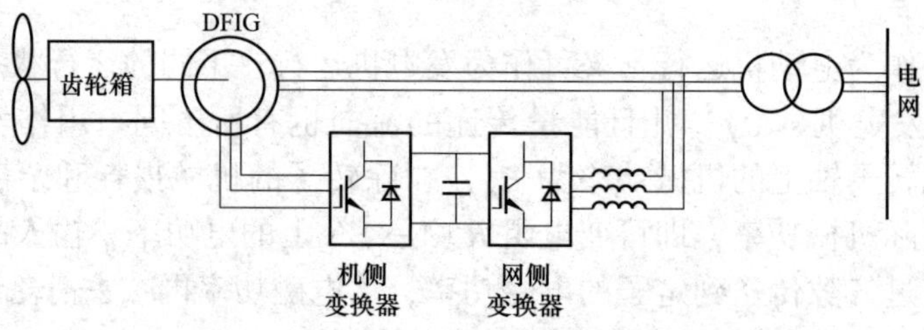


图 2-11 双馈异步风力发电系统结构

升速齿轮箱将风轮转速升高后传递给发电机转子。双馈异步发电机实质是由交流励磁绕线式异步感应发电机和变流装置［一般包括转子侧变换器或称机侧变换器（Rotor Side Converter，RSC）和网侧变换器（Grid Side Converter，GSC）］组成。电机的定子绕组直接与工频电网相连，转子绕组通过变换器连接电网进行三相交流励磁，产生相对转子旋转的磁场，在电机气隙中以同步速旋转，在定子侧感应出同步频率的感应电动势。可以说双馈型发电机的定子和转子都参与了励磁。与普通异步电机和同步电机不同的是，双馈异步电机定、转子电路同时与电网相连，电能既可以从转子输出到电网，也可以由电网向转子馈入，正常运行时定子转子同时向电网发出电能，故称作双馈电机。

双馈电机的变换器有交-交变换器、交-直-交变换器等几种形式。交-交变换器将一定频率的交流输入变为另一频率交流输出，无直流环节，一般用于低频大功率场合。交-直-交变流器中的转子侧变换器在机组正常发电时运行于整流状态，将转子电路中的交流电整流成直流，再由工作于逆变器状态的网侧变换器逆变成交流电回馈给电网。普通交-直-交变流器输出矩形波电压，含有较多的谐波，输入功率因数低，响应缓慢。采用脉冲宽度调制技术的PWM变换电路采用全控开关，可以得到接近于正弦波的输出电压，能够获得接近1的功率因数，而且电路结构较简单，控制策略成熟。目前兆瓦级风电机组中的双馈发电机普遍采用PWM交-直-交变换器。

双馈发电机不仅可以通过调节转子励磁电流的频率改变发电机转速，采用定向矢量控制模式的双馈异步发电机，还能实现发电机输出有功功率、无功功率的解耦控制，并且具备电压的控制能力。

（2）双馈异步发电机工作原理[10、18、21、23]。双馈电机允许在一定的范围内变速运行。电机定子侧连接恒定频率 $f_1$ 的电网时，在气隙中产生转速为同步转速 $n_1$ $\left(f_1=\frac{p}{60}n_1,\ p\text{ 是电机极对数}\right)$ 的基波旋转磁场；转子由风力机带动以转速 $n$ 旋转，转子上所加的交流励磁通过变流装置调节产生相对转子转速为 $n_2\left(f_2=\frac{p}{60}n_2\right)$ 的旋转磁场。由电机学理论，要使电机稳定运行，定子磁场与转子磁场应保持相对静止且同步旋转，则定子侧的感应电动势保持为同步频率：

$$f_1=\frac{p}{60}n\pm f_2 \tag{2-19}$$

式中：$f_1$、$f_2$ 分别为定子和转子电流频率，电机并入电网时 $f_1=50\text{Hz}$ 为电网频率；$n$ 是转子转速。变速恒频控制，即控制交流励磁旋转磁场的转速 $n_2$ 叠加转子实际转速 $n$ 始终等于同步转速 $n_1$：

$$n_1=n\pm n_2 \tag{2-20}$$

当电机转子的转速 $n$ 变化时，可以通过调节转子励磁电流频率 $f_2$ 来维持定子输出频率 $f_1$ 的恒定。只要保证 $n_1$ 为常数，则发电机定子绕组的感应电动势频率将始终维持为50Hz电网频率，这就是变速恒频运行的原理。由于转差率 $s=\frac{n_1-n}{n_1}$，$f_2=\pm sf_1$，故 $f_2$ 也称作转差频率。

由分析计算[69、70]和转矩平衡关系[6、14]，双馈异步发电机转子注入机侧变流器的有功功率 $P_r$ 与定子输出有功功率 $P_s$ 有关系：

$$P_r=-sP_s \tag{2-21}$$

$sP_s$ 也称作转差功率。如图2-12所示，不计定子、转子损耗，风力机输出到发电机转子轴

上的机械功率 $P_m$、网侧变流器从电网吸收的有功功率 $P_g$ 有如下关系：

$$\begin{aligned} P_s &= P_m - P_r \\ P_g &= -P_r = sP_s \end{aligned} \tag{2-22}$$

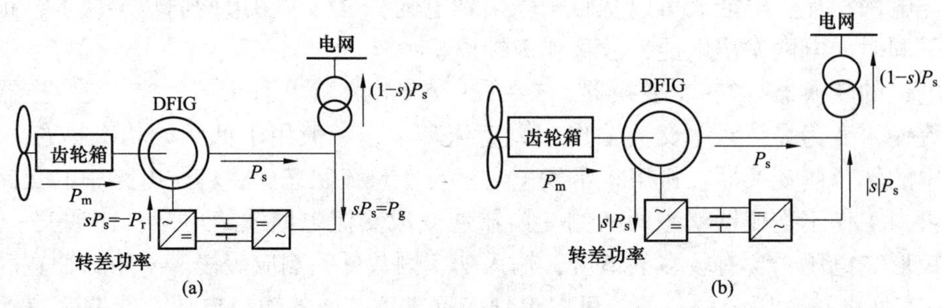


图 2-12 双馈异步发电机功率流向

（a）次同步运行状态；（b）超同步运行状态

所以双馈发电机输出到电网的有功功率 $P_e$ 为

$$P_e = P_s - P_g = (1 - s)P_s \tag{2-23}$$

双馈感应电机转差运行范围一般可为 $|s|<0.3$，转速一般为 0.7～1.3 倍同步转速，电机转差功率 $sP_s$ 等于变流器流经的功率 $P_g$，约为±30%$P_s$，$P_g$ 决定了变流器容量的大小，故双馈感应电机变流器的容量约为电机额定功率的 30%。变流器容量是限制双馈电机转速变化范围的一个因素。由于双馈异步风力发电系统的转速变换范围有限，有时也称作半变速风力发电系统。

根据转子转速的不同，双馈异步发电机可以工作于三种运行状态：

1）次同步运行状态。此状态下转子转速小于同步转速（$n<n_1$），转差频率为 $f_2$ 的转子电流产生的励磁旋转磁场转速 $n_2$ 与转子转速方向相同，$n_1=n+n_2$，定子电动势保持 50Hz 恒频；转差率 $s>0$，$P_g=sP_s>0$，电网向转子馈送有功，如图 2-12（a）所示。

2）超同步运行状态。此状态下转子转速大于同步转速（$n>n_1$），改变转子绕组电流相序，使其产生的励磁旋转磁场转速 $n_2$ 的转向与转子转向相反，有 $n_1=n-n_2$，转差率 $s<0$，$P_g=sP_s<0$，转子发出的电能经双向变流器馈送入电网如图 2-12（b）所示。

3）同步运行状态。此时 $n_1=n$，转差频率 $f_2=0$，转子中为直流励磁电流，机械能全部转化为电能通过定子绕组馈入电网，相当于普通的同步发电机。

当转差率正负和电磁功率方向发生改变时，双馈电机可以工作在次同步发电/电动、超同步发电/电动状态，但是能量平衡关系保持不变。双馈异步发电机正常运行时处于超同步发电状态，风速改变或者发生电网扰动时也可以工作在其他状态，在电机和变流器容量约束范围以内，双馈电机输出的无功功率可调，实现有功功率和无功功率的四象限运行。

（3）双馈异步风电机组的数学模型[10、18、22、24]。双馈异步发电机数学模型与普通异步感应发电机类似，区别是转子回路通过发电机滑环可外接外部电压源，转子绕组不短接。在两相同步速旋转 $d$-$q$ 坐标系下的转子电压 $u_{dr}$ 和 $u_{qr}$ 不为零，如式（2-24）和式（2-25）所示。

$$\begin{cases} u_{ds} = R_s i_{ds} - \omega_s \Phi_{qs} + \dfrac{d\Phi_{ds}}{dt} \\ u_{qs} = R_s i_{qs} + \omega_s \Phi_{ds} + \dfrac{d\Phi_{qs}}{dt} \\ u_{dr} = R_r i_{dr} - s\omega_s \Phi_{qr} + \dfrac{d\Phi_{dr}}{dt} \\ u_{qr} = R_r i_{qr} + s\omega_s \Phi_{dr} + \dfrac{d\Phi_{qr}}{dt} \end{cases} \tag{2-24}$$

$$\begin{cases} \Phi_{ds} = L_{ss} i_{ds} + L_m i_{dr} \\ \Phi_{qs} = L_{ss} i_{qs} + L_m i_{qr} \\ \Phi_{dr} = L_{rr} i_{dr} + L_m i_{ds} \\ \Phi_{qr} = L_{rr} i_{qr} + L_m i_{qs} \end{cases} \tag{2-25}$$

定子侧和转子侧瞬时功率为

$$\begin{cases} p_s = \dfrac{3}{2}(u_{ds} i_{ds} + u_{qs} i_{qs}) \\ q_s = \dfrac{3}{2}(u_{qs} i_{ds} - u_{ds} i_{qs}) \end{cases} \tag{2-26}$$

$$\begin{cases} p_r = \dfrac{3}{2}(u_{dr} i_{dr} + u_{qr} i_{qr}) \\ q_r = \dfrac{3}{2}(u_{qr} i_{dr} - u_{dr} i_{qr}) \end{cases} \tag{2-27}$$

电磁转矩：

$$T_e = \frac{3}{2} p L_m (i_{qs} i_{dr} - i_{ds} i_{qr}) \tag{2-28}$$

式中各变量含义同异步感应发电机方程中各量。

式（2-24）~式（2-28）为双馈电机在两相同步速旋转 $d$-$q$ 坐标系下的数学模型。

目前绝大多数变速恒频双馈发电系统的励磁控制策略都采用矢量控制来实现定子端口有功和无功功率的解耦控制。其中，尤以采用定子磁场或定子电压定向的矢量控制居多。

为了简化控制系统，可以将定子磁链定向在同步坐标系 $d$ 轴上，则有

$$\begin{cases} \Phi_{ds} = \Phi_s = i_{ms} L_m \\ \Phi_{qs} = 0 \end{cases} \tag{2-29}$$

式中：$\Phi_s$ 为定子磁链矢量幅值；$i_{ms}$ 称作定子等效励磁电流。并入理想电网稳态运行时，定子磁链保持恒定，忽略定子绕组电阻，则据式（2-24）中定子电压方程知，定子电压矢量和磁链矢量相差 90°电角度，落在同步轴系 $q$ 轴上，即

$$\begin{cases} u_{ds} = 0 \\ u_{qs} = u_s = \omega_s \Phi_s \end{cases} \tag{2-30}$$

式中：$u_s$ 为定子电压矢量的幅值。则由式（2-26）定子功率为

$$\begin{cases} p_{\mathrm{s}} = \dfrac{3}{2}u_{\mathrm{s}}i_{\mathrm{qs}} \\ q_{\mathrm{s}} = \dfrac{3}{2}u_{\mathrm{s}}i_{\mathrm{ds}} \end{cases} \tag{2-31}$$

由式（2-29）和定子磁链方程可得定子电流与转子电流的关系：

$$\begin{cases} i_{\mathrm{ds}} = \dfrac{\Phi_{\mathrm{s}} - L_{\mathrm{m}}i_{\mathrm{dr}}}{L_{\mathrm{ss}}} = \dfrac{L_{\mathrm{m}}}{L_{\mathrm{ss}}}(i_{\mathrm{ms}} - i_{\mathrm{dr}}) \\ i_{\mathrm{qs}} = -\dfrac{L_{\mathrm{m}}i_{\mathrm{qr}}}{L_{\mathrm{ss}}} \end{cases} \tag{2-32}$$

将其代入定子功率表达式（2-31），得到双馈电机定子功率与转子电流的关系为

$$\begin{cases} p_{\mathrm{s}} = -\dfrac{3}{2}u_{\mathrm{s}}\dfrac{L_{\mathrm{m}}}{L_{\mathrm{ss}}}i_{\mathrm{qr}} \\ q_{\mathrm{s}} = \dfrac{3}{2}u_{\mathrm{s}}\dfrac{\Phi_{\mathrm{s}} - L_{\mathrm{m}}i_{\mathrm{dr}}}{L_{\mathrm{ss}}} = u_{\mathrm{s}}\dfrac{L_{\mathrm{m}}}{L_{\mathrm{ss}}}(i_{\mathrm{ms}} - i_{\mathrm{dr}}) \end{cases} \tag{2-33}$$

可见，电机定子有功功率与转子电流 $q$ 轴分量 $i_{\mathrm{qr}}$ 成正比，无功功率由转子电流 $d$ 轴分量 $i_{\mathrm{dr}}$ 决定。只要分别控制转子电流分量 $i_{\mathrm{qr}}$ 和 $i_{\mathrm{dr}}$，就可以实现发电机有功功率和无功功率的独立调节，解决有功、无功的控制解耦问题。这就是所谓定子磁链定向矢量控制的理论基础，除此以外还有定子电压定向矢量控制、直接功率控制等其他控制方法。

忽略励磁电阻时，双馈异步发电机的稳态模型为

$$\begin{cases} \dot{U}_{\mathrm{s}} = R_{\mathrm{s}}\dot{I}_{\mathrm{s}} + \mathrm{j}X_{\mathrm{s}}\dot{I}_{\mathrm{s}} + \mathrm{j}X_{\mathrm{m}}(\dot{I}_{\mathrm{r}} + \dot{I}_{\mathrm{s}}) \\ \dot{U}_{\mathrm{r}}/s = \dfrac{R_{\mathrm{r}}}{s}\dot{I}_{\mathrm{r}} + \mathrm{j}X_{\mathrm{r}}\dot{I}_{\mathrm{r}} + \mathrm{j}X_{\mathrm{m}}(\dot{I}_{\mathrm{r}} + \dot{I}_{\mathrm{s}}) \end{cases} \tag{2-34}$$

式中所有参数已折算到定子侧，$R_{\mathrm{s}}$、$R_{\mathrm{r}}$ 和 $R_{\mathrm{m}}$ 分别表示定子电阻、转子电阻和励磁电阻；$X_{\mathrm{s}}$、$X_{\mathrm{r}}$ 和 $X_{\mathrm{m}}$ 分别表示定子漏电抗、转子漏电抗和励磁电抗，对应静态等值电路如图 2-13 所示。

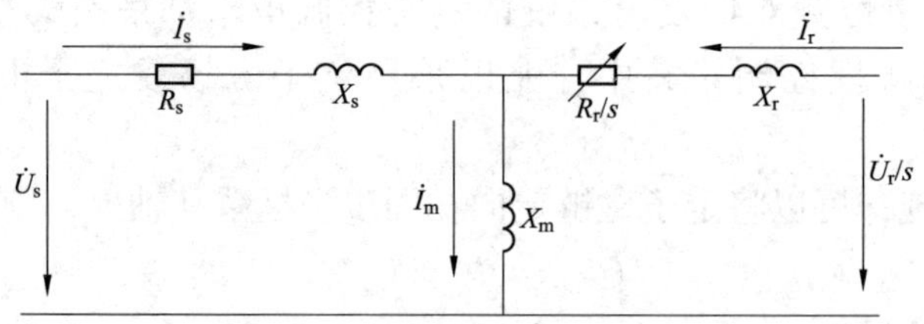


图 2-13 双馈异步发电机静态等值电路

根据等效电路，双馈异步发电机转子侧发出的有功功率为

$$P_{\mathrm{r}} = \frac{R_{\mathrm{r}}X^2(P_{\mathrm{s}}^2 + Q_{\mathrm{s}}^2)}{X_{\mathrm{m}}^2 U_{\mathrm{s}}^{\ 2}} + \frac{2R_{\mathrm{r}}X}{X_{\mathrm{m}}^2}Q_{\mathrm{s}} - sP_{\mathrm{s}} + \frac{R_{\mathrm{r}}U_{\mathrm{s}}^{\ 2}}{X_{\mathrm{m}}^2} \tag{2-35}$$

式中，$X = X_{\mathrm{s}} + X_{\mathrm{m}}$ 表示励磁电抗与定子电抗之和。式（2-35）加上定子侧发出的有功功率 $P_{\mathrm{s}}$

即为双馈发电机注入电网的有功功率 $P_e$（若风电机组功率因数设定为 $\cos\varphi$）：

$$P_e = P_r + P_s = \frac{R_r X^2(1+\tan\varphi^2)}{X_m^2 U_s^2} P_s^2 + \left(1 + \frac{2R_r X}{X_m^2}\tan\varphi - s\right) P_s + \frac{R_r U_s^2}{X_m^2} \tag{2-36}$$

双馈异步风电机组发出的无功功率 $Q_e$ 包括定子发出的无功功率 $Q_s$ 与网侧变流器发出或吸收的无功功率之和。变换器的功率因数可以通过改变功率开关触发角来调节，当采用 PWM 控制方式时，其功率因数可以被调整至接近于 1.0，且变换器传递的有功功率相对较小，由变换器吸收或发出的无功功率可以忽略不计。双馈风电机组的无功控制模式有恒功率因数控制和恒电压控制模式。恒功率因数运行方式时，保持定子侧输出功率的功率因数为恒定值，则可近似认为风电机组的无功功率 $Q_e$ 即等于定子绕组的无功功率 $Q_s$：

$$Q_e \approx Q_s = P_s \tan\varphi \tag{2-37}$$

恒电压控制时，发电机可以发出或吸收无功，功率因数变化范围可从迟相 0.95 到进相 0.95。工程实际中，双馈风电机组多采用恒功率因数运行方式。

双馈异步风电机组发电机采用绕线式双馈异步发电机，结构安全可靠；能变速运行，风能转换效率高；变换器容量较小，成本较低；但变换器结构和控制比较复杂、过载能力差。双馈异步风力发电机在 1.5MW 及以上的风力发电机市场中具有主导地位，如 GE 风能的 1.5MW 和 3.6MW 系列、VESTAS 公司的 V80-2MW 和 V120-4.5MW、GAMESA 公司的 G90-2.0MW 等。

3. 直驱永磁变速恒频风电机组

风力发电系统中，风轮转速较低，需要通过传动轴经增速齿轮提高转速以适应发电机运转的转速。增速箱的存在不仅增加了机组质量，而且机组运行过程中由于齿轮箱高速旋转，还增加了系统能量损耗，降低了风能利用效率。另外增速箱安装于塔架顶部的机舱内，不便于维护保养，成为制约风力发电机组发展的因素之一。直驱型风电机组较好地解决了这一难题。

（1）直驱永磁变速恒频风电机组（Permanent Magnet Synchronous Generator set，PMSG set）结构。直驱永磁风电机组采用了多极永磁交流同步发电机，在风力机与交流发电机之间没有增速齿轮箱，两者直接相连，即所谓“直驱”。其结构如图 2-14 所示，主要包括低速多极永磁同步发电机、全功率变换器（包括网侧变换器与机侧变换器）、变桨距机构等部分。

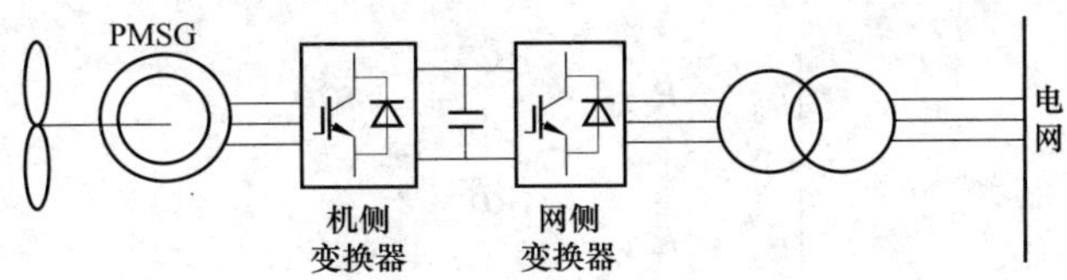


图 2-14　直驱式永磁同步发电系统组成结构

直驱风电系统风力机直接连同步发电机，省略了齿轮箱，避免了齿轮箱部件的维护更换；机组水平轴向长度大大减小，提高了系统结构的稳定性，增强了系统可靠性。永磁发电机采用高性能的稀土永磁材料或铁氧体制成磁极，转子无须直流励磁，也就没有电刷、集电环，结构简单，而且由于没有励磁损耗，风力发电系统整体效率较高。发电机通过全功率变换器接入电网，变换器结构与双馈风力发电系统的变换器类似，但发电机所发出的功率全部都要通过变换器进行变流，所以容量更大，一般要达到发电机额定容量的 100%甚至更高，故称作全功率变换器。全功率变换器将发电机定子发出的频率变化的电能转换为与电网频率一致的恒频电能，并将机组同电网完全隔离开来，同步发电机运行特性完全取决于变换器的控制策略。

（2）直驱永磁同步发电机工作原理[25~27]。直驱永磁同步风力发电系统运行时，风力机与低速永磁发电机转子直接耦合，发电机转速随风轮转速变化。发电机通过对转子磁极极面形状的设计使其在定、转子间的气隙中产生呈正弦分布的转子磁场，磁场的轴线同转子磁极轴线相重合，随转子旋转。当风轮带动发电机转子旋转时，旋转的磁场切割定子绕组，在定子绕组中感生出感应电动势，由此产生交流电流输出。发电机定子绕组中流经对称的三相交流电流，建立定子磁场，定子磁场在定、转子气隙中也呈正弦分布并以与转子相同速度旋转。永磁同步电机侧变流器多采用转子磁链定向控制，将转子磁链矢量定向于旋转参考轴系；网侧变流器则采用电网电压定向的矢量控制技术，将电网电压综合矢量与旋转参考轴系重合。故当负载一定时，定、转子旋转磁场之间的功率角经折算后保持为 90°，以实现发电机输出有功无功的解耦控制。

直驱永磁风力发电机输出的电压和频率变化的交流电，首先由整流器（AC-DC）变换为一定电压的直流电，再由逆变器（DC-AC）将直流电逆变成恒压恒频交流电输入电网，并通过调节逆变装置的控制信号改变系统输出的有功功率和无功功率来实时满足电网的功率需要。随着电力电子技术的发展，变换器衍生出多种拓扑结构，目前工程实际中使用较多的有两种：一种是发电机侧变换器采用二极管不控整流器加 Boost 升压斩波电路，网侧变换器采用 IGBT 全控逆变器；另外一种是发电机侧和网侧变换器均采用由 IGBT 构成的控制变换器，构成所谓“背靠背”变换器。

直驱永磁发电机有较宽的转速运行范围，可在 70%～+115%倍额定转速范围内运行。低于额定风速下运行时，风轮转速根据最大风能获取曲线随着风速变化而不断变化，最大限度地捕获风能以提高机组的发电效率；在等于或高于额定风速下运行时，风机通常采用变桨距调节方式保持向电网输出恒定的功率。

（3）直驱永磁同步发电机数学模型[9、25、26、28~31]。假设永磁体基波磁场方向即转子磁极轴线为 $d$ 轴，$q$ 轴沿转子旋转方向超前 $d$ 轴 90°，$d$-$q$ 坐标系以电角速度 $\omega_r$ 随转子旋转。

同样按电动机惯例，不计零轴分量时，直驱永磁同步发电机在 $d$-$q$ 旋转坐标系下的定子电压方程为

$$\begin{cases} u_{ds} = R_s i_{ds} + \dfrac{d\Phi_{ds}}{dt} - \omega_r \Phi_{qs} \\ u_{qs} = R_s i_{qs} + \dfrac{d\Phi_{qs}}{dt} + \omega_r \Phi_{ds} \end{cases} \tag{2-38}$$

定子磁链由永磁体产生的永磁磁链 $\Phi_f$ 和定子电流在定子绕组中产生的磁链两部分构成。故定子磁链方程为

$$\begin{cases} \Phi_{ds} = L_d i_{ds} + \Phi_f \\ \Phi_{qs} = L_q i_{qs} \end{cases} \tag{2-39}$$

将磁链方程［式（2-39）］代入电压方程［式（2-38）］，可得永磁同步电机的电压模型：

$$\begin{cases} u_{ds} = R_s i_{ds} + L_d \dfrac{di_{ds}}{dt} - \omega_r L_q i_{qs} \\ u_{qs} = R_s i_{qs} + L_q \dfrac{di_{qs}}{dt} + \omega_r L_d i_{ds} + \omega_r \Phi_f \end{cases} \tag{2-40}$$

式中，$i_{ds}$、$i_{qs}$、$u_{ds}$ 和 $u_{qs}$ 分别为定子电流电压的 $d$ 轴、$q$ 轴分量；$L_d$、$L_q$ 为发电机 $d$ 轴和 $q$ 轴电感。

定义 $q$ 轴反电动势 $e_q = \omega_r \Phi_f$，$d$ 轴反电动势 $e_d = 0$，则永磁同步发电机在 $d$-$q$ 同步旋转坐标系下的等值电路如图 2-15 所示。

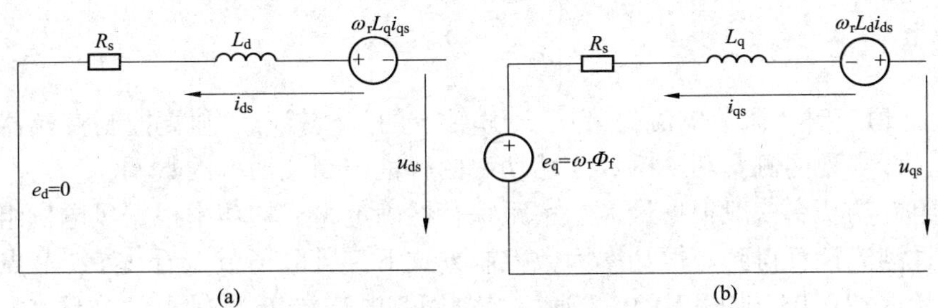


图 2-15　永磁同步发电机等值电路

（a）d 轴等值电路；（b）q 轴等值电路

永磁同步电机机械运动方程与异步电机类似，其电磁转矩为

$$T_e = \frac{3}{2} p \dot{\Phi}_s \times \dot{I}_s \tag{2-41}$$

式中：$p$ 表示发电机极对数。$d$-$q$ 轴系下定子磁链 $\dot{\Phi}_s$ 和电流相量 $\dot{I}_s$ 为

$$\begin{cases} \dot{\Phi}_s = \Phi_{ds} + j\Phi_{qs} \\ \dot{I}_s = i_{ds} + ji_{qs} \end{cases} \tag{2-42}$$

将上式代入电磁转矩方程［式（2-41）］，则

$$T_e = \frac{3}{2} p (\Phi_{ds} i_{qs} - \Phi_{qs} i_{ds}) \tag{2-43}$$

计及式（2-39）的磁链方程，可得到永磁同步电机电磁转矩的表达式为

$$T_e = \frac{3}{2} p [\Phi_f i_{qs} + (L_d - L_q) i_{qs} i_{ds}] \tag{2-44}$$

若不计磁场凸极效应且认为发电机气隙均匀，则发电机 $d$ 轴、$q$ 轴电感相等，即 $L_d = L_q = L$。则发电机电磁转矩可以简化为

$$T_e = \frac{3}{2} p \Phi_f i_{qs} \tag{2-45}$$

可见，永磁同步发电机的电磁转矩与定子 $q$ 轴电流 $i_{qs}$ 成正比，通过调节 $i_{qs}$，即可调节永磁同步发电机的电磁转矩，进而调节发电机和风力机的转速，使之跟随风速变化，运行于最大风能捕获状态。

定子输出功率即风电机组输出的功率为

$$\begin{cases} p_e = \dfrac{3}{2}(u_{ds}i_{ds} + u_{qs}i_{qs}) \\ q_e = \dfrac{3}{2}(u_{qs}i_{ds} - u_{ds}i_{qs}) \end{cases} \tag{2-46}$$

对于目前网侧变换器通常采用的基于电网电压定向的矢量控制技术，在 $d-q$ 同步旋转坐标系下，电网电压综合矢量 $\dot{e}_s$ 定向在 $d$ 轴上，电网电压在 $q$ 轴分量为 0，即 $u_{qs}=0$、$\dot{e}_s=u_{ds}+ju_{qs}=u_{ds}$，则电网侧变流器与电网交换的有功、无功功率为

$$\begin{cases} p_e = \dfrac{3}{2}u_{ds}i_{ds} \\ q_e = -\dfrac{3}{2}u_{ds}i_{qs} \end{cases} \tag{2-47}$$

当电网电压 $\dot{e}_s$ 恒定时，调节电流矢量在 $d$、$q$ 轴上的分量就可以独立控制变换器输出的有功和无功功率，即实现网侧有功功率和无功功率的解耦控制及功率因数调整。

风电机组有功功率一般根据最大功率跟踪特性确定，无功功率根据风电机组的无功电压控制要求通过潮流计算得到。恒功率因数控制方式下，风电场节点看作 *PQ* 节点，功率因数调节范围可从迟相 0.95 到进相 0.95。通过控制网侧电流在 $d$、$q$ 轴上的分量来控制变换器与电网之间交换的有功功率和无功功率，以满足功率因数调节的需要。与双馈异步风力发电机组类似，直驱式同步发电机组控制模式可以是恒功率因数控制方式也可以是恒电压控制方式。风电场节点视作 *PU* 节点来处理，同步发电机发出或者吸收无功来维持机端电压恒定，同时受变换器最大电流限制，需要考虑无功功率越限的约束[32]。

直驱永磁同步风力发电机组无齿轮箱，加之采用永磁材料励磁，减小了发电机组的质量、体积，同步发电机能发出的无功功率可以保证系统电压稳定性；但电力电子功率变换器控制复杂、成本较高，并且直驱式发电机转速低，磁极多，体积和质量偏大。随着大功率电力电子器件产品性价比的不断提高，直驱同步发电机在风力发电市场中越来越具有良好的前景，典型产品如 ENERCON 生产的 E-82、E-112 等。

## 2.3 风力发电系统的并网运行

由于风能资源丰富的地区往往远离用电中心，风电场接入大电网并联运行有利于风能资源的充分开发利用；并网运行的风电场能够得到大电网的支撑，增强其供电的可靠性，解决由于风电间歇性和随机性造成的电能质量低下等问题。因此，“集中接入规模外送”，建设并网型风电场是风电发展的主要方向。

### 2.3.1 并网风电场对电力系统的影响

由于风能变化的随机性和不确定性，风力发电的出力具有间歇性和随机波动的特点。随着风电场容量在电网中所占比例的增大，作为一种不稳定的供电方式，大规模风电并网对电网的电能质量控制、系统的安全稳定运行和电网的优化运行控制等都会产生一系列的影响，能否采取有效的控制措施消除其中的消极因素，决定了风力发电规模化应用的未来。

1. 大容量风电场并网对电力系统电能质量的影响

电能质量（Power Quality）是供电系统提供给用户的电能的品质，主要包括电压、频

率、谐波、电压波动和闪变以及电压暂降等几个方面。风电功率的时变性和风电系统中大量电力电子装置的采用，使得风电并网给供电系统电能质量造成了严重的污染。

（1）并网风电场对电网电压的影响。电网电压质量主要通过电压偏差、电压波动和闪变等指标来衡量。

1）GB/T 12325—2008《电能质量供电 电压偏差》将电压偏差（Voltage Deviate）定义为实际运行电压对系统额定电压的偏离程度的相对值，通常以百分数来表示：

$$电压偏差 = \frac{U - U_N}{U_N} \times 100\% \tag{2-48}$$

式中：$U$ 和 $U_N$ 分别为实际电压与额定电压。

电力系统中无功功率的不平衡是引起电压偏离额定值的根本原因。无功功率不平衡意味着有大量的无功功率流经输电网络，由于电网中线路和变压器的阻抗，网络末端电压产生偏差。

恒速异步感应风电机组接入瞬间会产生较大的冲击电流，使电网电压瞬时跌落；异步发电机运行时要从电网吸收感性无功来建立磁场，也会引起无功损耗和电压损耗导致电压偏差增大。虽然可以通过投切发电机出口处的并联电容器进行调节，但由于并联电容器分组投切，逐级投入，操作过程会引起无功功率的波动，而造成电压偏差。而且成组切入的并联电容器不可避免地会出现过补偿或欠补偿，过补偿时会引起电压升高，欠补偿时感性负荷引起电压降低。

变速双馈感应风电机组和永磁同步风电机组能实现有功和无功的解偶控制，控制调节功率因数为 1 时，风电场与电网之间可以不发生无功功率的交换，较之恒速异步风电机组，能够在一定程度上缓解地区性的电压偏差问题。但当风力发电机出力较大时，由于有功功率在线路上流动而消耗无功功率，也可能会造成电压降落，引起电压偏差过大。

所有用电设备都是按设备的额定电压设计制造的，电压偏差过大时用电设备运行性能恶化，工作效率降低，甚至影响其使用安全。电压偏差过大也会对电网产生不利影响：系统运行电压偏低，输电线路的功率极限大幅度降低，可能产生系统频率不稳定现象，甚至导致电力系统频率崩溃，造成系统解列；系统运行电压偏高又可能使系统的电力设备绝缘受损，使带铁芯的设备饱和，产生谐波而有可能引发铁磁谐振，同样威胁到电力系统的安全稳定运行。

2）在 GB/T 12326—2008《电能质量供电 电压波动和闪变》中对电压波动（Voltage Fluctuation）的定义指的是电压方均根值（有效值）存在一系列相对快速的变动或连续改变的现象。电压变动（Relative Voltage Change）以电压方均根值曲线上相邻两个极值之差 $\Delta U$ 对系统额定电压的百分数来度量：

$$d = \frac{\Delta U}{U_N} \times 100\% \tag{2-49}$$

3）闪变（Flicker）指灯光照度不稳定造成的人眼视感，是电压波动引起的结果，本质上反映了电压波动的幅值和频率。电力系统用户负荷变化时，负荷接入点的电压就会产生波动；系统中出现大容量的冲击性负荷，负荷变化足够大时就会引起人眼对灯光闪烁的主观感觉，发生闪变现象。

并网风电机组引起电网电压波动进而可能引起闪变的根本原因在于风电输出功率的波

动。风电机组连续运行时，受风电场风况（主要是风速和湍流强度）及风机塔影效应的影响，机组输出功率产生相应波动，且其波动正好处在能够产生电压闪变的频率范围内。风电机组启动、停止及电机切换操作也会引起功率波动，导致机组和相邻节点电压波动和闪变。电压波动和闪变是风力发电对电网电能质量所产生的最为主要的负面影响。

电压波动和闪变会引发多种危害，突发的电压波动会使生产的工业产品质不合格；有些电压波动尽管在正常的电压变化限度以内，但电压的快速变化会干扰电压敏感型电子设备和仪器的正常工作、影响对电压波动较为敏感的实验结果；电压波动引起照明光源的闪烁，使人的视觉疲劳不适难以忍受。

（2）风电并网引起的系统的谐波问题。GB/T 24337—2009《电能质量 公用电网谐波》中谐波（Harmonic Component）的定义为：对周期性交流量进行傅里叶分解，得到频率为基波整数倍的倍频分量。一般以总谐波畸变率 *THD* 作为衡量波形畸变程度的指标，如电压总谐波畸变率：

$$THD = \frac{\sqrt{\sum_{2}^{N} U_h^2}}{U_1} \times 100\% \tag{2-50}$$

式中：$U_1$ 为基波电压有效值；$U_h$ 为第 $h$ 次谐波电压有效值；$N$ 是分析的电压量的谐波最高次数。

电力系统中由于电力电子开关设备、铁磁饱和设备等非线性设备的存在，标准正弦供电下会生成非正弦的电压电流，产生谐波。风力发电系统中一般发电机（包括异步发电机和同步发电机）本身产生的谐波量很少，引发谐波问题的主要是系统中的电力电子元器件。系统受谐波干扰的程度取决于变流并网装置以及滤波系统的结构状况，而且与电网的短路容量以及机组的出力有关。

恒速异步风电机组正常持续运行过程中没有电力电子设备的参与，基本不会产生谐波。当机组进行并网投入操作时，由于软并网装置中电力电子元件的存在，软启动过程中将产生部分谐波电流，但因为并网过渡过程时间很短（约 0.2s 左右），此时的谐波注入量可以忽略。采用变速技术的双馈异步发电机组和同步发电机机组，系统中使用大容量的电力电子器件，并网运行时不可避免地会产生谐波。双馈式异步风力发电机转子绕组经双向功率变换器连接至交流接电网，转子绕组功率流向取决于转差率。虽然定子绕组直接接电网，转子侧电流电压波形的畸变最终都会以谐波的形式耦合到定子侧。直驱永磁同步风力发电机组定子绕组接交直交变流器，经可控 PWM 整流或不控整流后在电网侧采用 PWM 逆变器输出恒定频率和电压的三相交流电，并网运行同样会给电网注入谐波。

电网中存在谐波会对系统中各种设备的正常运行造成一系列不良影响，如在电气设备中产生附加的谐波损耗，降低了设备效率；使变压器、电动机和电缆等发热增加，加速绝缘老化、缩短设备使用寿命；可能使补偿装置中的电容器和电抗器产生谐振导致设备损坏；对继电保护和自动装置产生干扰，有可能引起拒动误动；引发电磁干扰，影响电力电子计量设备的准确性，对通信等产生干扰等。

风力发电系统中的谐波大小取决于变换器装置的结构和是否有有效的滤波装置，随着电力电子器件的不断改进，采用新的谐波抑制技术的变换器的出现使得系统中的谐波问题正逐步得到改善和解决。

（3）风电并网对系统频率的影响。输出功率间歇波动的风电功率引入电网，使得电网潮流随之重新分配，影响系统的频率质量。电力系统电能的频率质量通过频率偏差来描述，据 GB/T 15945—2008《电能质量 电力系统频率允许偏差》，频率偏差（Frequency Deviation）指系统频率的实际值和额定值之差。

电力系统中有功功率的不平衡是产生频率偏差的根本原因：系统负荷超过或低于发电厂的有功功率时，系统频率就要降低或升高，以满足有功功率的平衡。风电场对系统频率的影响程度取决于风电装机容量占系统总负荷容量的比例，也称作“穿透功率”或“渗透率”。当风电穿透功率较高即风电场容量相对于系统总负荷容量所占比例较大时，其输出功率的随机波动性对电网频率的影响显著。此时就需要增加系统的调频容量，要求电网中其他常规发电机组具有较高的频率响应能力，能进行有功功率的跟踪调节，抑制频率的波动。

2. 风电并网对系统安全稳定性的影响

DL 755—2001《电力系统安全稳定导则》中对电力系统安全稳定分析的任务做了明确的规定：确定电力系统的静态稳定、暂态稳定和动态稳定水平，分析和研究提高安全稳定的措施，以及研究非同步运行后的再同步及事故后的恢复策略。进行静态安全分析的方式一般是采用单一故障安全准则，即所谓“$N-1$ 原则”：逐个无故障地断开线路、变压器等元件，检查其他元件是否因此出现超过事故规定的过负荷或电网电压偏差过大的现象，用以检验电网结构强度和运行方式是否满足安全运行的要求。

大规模风电机组并网造成原有网络潮流分布、线路传输功率和系统惯量发生改变，对系统的安全稳定性产生一定的影响，而且不同风电机组具有不同的特性，电网发生扰动或故障时会对电网的稳定性产生不同的影响。

（1）大规模风电并网对系统小干扰稳定的影响[18、19、38]。小干扰稳定指电力系统受到小扰动时保持同步运行的能力，数学模型上即系统方程在运行点附近的方程线性化后状态量的变化趋势所体现的稳定性。当系统缺乏与功角增量成比例的同步转矩而引起发电机转子角度持续增大或缺乏与转速增量成比例的阻尼转矩而引起转子增幅振荡时，都会引发系统小干扰不稳定。

小干扰稳定主要研究的是电力系统的振荡特性和阻尼状况。大型风电场并网运行后，互联系统区域间和区域内的弱阻尼或者负阻尼问题开始凸显，特别是位于电网末端、总装机容量大的风电场经长距离输电线路与大系统互联，对系统小干扰稳定、系统振荡特性和阻尼特性的影响尤为突出。

大量机理研究和实测分析表明，与常规同步发电机组相比较，由于恒速异步感应发电机定子绕组直接与系统交流相连，其转矩-转差特性使得异步感应发电机能够对系统振荡起到一定的阻尼作用：发电机转子加速时其转差率增加，由于电网频率恒定，定子磁场恒速旋转，增大的转差率导致转子侧感应电流增大，产生减速转矩；而发电机转子减速时转子侧感应电流较小，则有利于发电机转子的加速运行。异步感应发电机的这种特性在一定程度上对系统阻尼特性有所改善，当系统发生低频功率振荡时，能通过转差率的适当调节来增加系统的振荡阻尼，有利于系统的小干扰稳定。

双馈感应异步发电机仅通过定子与系统相连，发电机与系统“柔性耦合”，转子侧变流器实现对机组输出有功、无功功率的解耦控制，减小了相应振荡模式的阻尼，不利于抑制系统振荡。

直驱永磁同步发电机组经通过全功率变换器与电网相连，完全隔离了风电机组与系统的电气联系，与恒速异步感应发电机和双馈异步发电机相比，直驱永磁同步发电机组接入系统后阻尼降低程度更为严重。

然而，大电网区域间或区域内部的振荡特性和阻尼情况与电网拓扑结构、电网特性、风电场容量、风电并网接入点、并网方式等各种具体因素有关，因此风电场并入不同性质电网后需要根据实际情况进行具体的小干扰稳定分析。

为改善风电机组并网后系统的阻尼特性，目前普遍采用在风电机组控制系统中附加阻尼控制策略的方法，研究的热点主要包括：阻尼控制策略的设计、阻尼控制器参数优化算法、输入信号选择、桨距角控制算法、电力系统稳定器（Power System Stabilizer，PSS）的应用等。

（2）并网风电场对系统暂态稳定的影响[18、39]。电力系统的暂态稳定是指电力系统受到大扰动后，各同步电机保持同步运行并过渡到新的或恢复到原来稳定运行方式的能力。电力系统遭受大干扰包括发电机切机、大负荷突然变化以及网络故障时，系统各种状态量都会发生急剧变化，比如转子转速、节点电压会偏离稳定运行值，如果经过振荡又最终运行于某个稳定点，则认为系统是暂态稳定的；否则就视为暂态失稳，系统随之会发生解列和崩溃。

与常规同步发电机相比，风力发电机组具有不同的暂态特性，加之大容量风电的接入使系统原有的潮流分布和整个系统的惯量发生改变，对风电并网后的电力系统的暂态稳定性产生显著的影响。

早期电网中风电装机容量较小时，如果所接入的电网出现大干扰，保护装置会断开风电场的连接以保护风电场设备。对于电网来说，相当于在已经出现大干扰的情况下，又发生了发电机跳闸的干扰，此时电力系统的暂态稳定性显得尤为重要。随着风电在电网中的穿透功率的提高，为了保证供电的可靠性，电网发生故障期间，要求风电场在一定时间范围内能连续供电而不脱离电网，甚至要求其在电网故障发生后能够发出无功功率参与电网控制。风电场的这种故障期间保持并网不间断运行的能力通常称为风电场的低电压穿越能力（LVRT）。因此有必要研究并网风电场系统暂态稳定性及其改善措施。

研究表明，不同类型风电机组在暂态过程中受故障影响的程度不同，各自的响应不同，对系统暂态稳定性的影响也不同。恒速异步感应风电机组与电网的机电耦合紧密，动态稳定性受异步发电机临界转速和故障持续时间的影响较大。双馈异步风力发电机与电网柔性耦合，功角与转子转速并不严格相关，而其特有的转速-原动机机械转矩特性决定了在电网故障期间原动机机械转矩会降低，相比于常规同步机组，其加速面积减少、减速面积增大，有利于系统的暂态稳定。永磁同步风电机组经全功率变流器连接系统，变流器有利于故障后风电机组端电压的恢复，对维持系统的暂态稳定有利。由于变速恒频风电机组利用变流器参与系统的无功和电压控制，具有一定的无功调节能力，风电机组可以按照不同的控制策略，吸收或发出无功功率进行电压控制，能够使电网故障切除后机组出口电压得以快速恢复并减小发电机出口电压的振荡，因此其电网暂态稳定性的好坏主要取决于风电机组的控制策略。

同样的，风电场并网位置、并网容量，风电机组运行方式，原系统网架结构以及故障情况对电力系统的暂态稳定性有不同的影响，上述所有影响因素叠加的效果需根据实际针对具体电网进行具体分析。

（3）风电场的静态安全分析。风电场的静态安全分析是根据 $N-1$ 原则，对风电场并网运行各种预想事故下的系统进行潮流计算，检验电网结构强度和运行方式是否满足安全运行要求，以便对威胁电网安全运行的故障进行预警；或在含风电的地区电网规划中校验具体规划方案承受事故的能力，验证电网规划方案的可行性。

目前关于风电场静态安全分析的研究除考虑到风电出力随机性对具体实际运行风电场电网的安全分析计算外，还涉及确定满足系统静态安全运行的风电最大准入功率——穿透功率的研究。考虑风电功率随机性和不可控性，以静态安全约束为指标把风电场接入系统的功率极限问题归结为约束条件下的风力发电最大化问题等。

大型风电场的并网运行除上述对系统电能质量、电力网络安全稳定运行产生的影响以外，其出力的不确定性还会对系统的经济调度、电力系统规划等带来一系列的影响，必须采取有别于传统的更为复杂的优化运行和设计规划技术来处理含风电场电网的调度和规划问题。

### 2.3.2　风电场并网的技术要求和规范

随着风能产业持续发展，规模化风电的利用迫切要求风电机组并网运行。为了保证并网后电力系统的安全性、可靠性和经济性，除了要研究风电机组的并网运行特性，更需要制定风电场接入的技术规范和要求，以明确电网公司与风电开发商的责任义务，适应大规模风电建设的需要。

世界上风电发展较早的国家地区及其电力行业协会都先后制定了符合各自国情的风电并网导则和标准。丹麦是世界上最早制定风电场接入系统技术规定的国家，丹麦电力研究院（Research Institute of Danish Electric Utilities，DEFU）于 1998 年提出了《风电机组接入中低压电网的技术规定》、DEFU 111《Connection of Wind Turbines to Low and Medium Voltage Networks》，用于规范接入 110kV 以下电网的风电机组；2000 年，丹麦 ELTRA 输电公司颁布了并网规定《Specification for Connecting Wind Farms to the Transmission Networks》，作为规范接入输电网络的风电场技术要求。美国风电相关标准主要是由联邦能源管理委员会（Federal Energy Regulatory Commission，FERC）2005 年制定的全美统一的《风力发电并网规定》（FERC No. 661），此外还有关于风电场有功功率控制、无功功率控制、并网通信协议等相关的实施细则（FERC No. 21-26）。2003 年 8 月，德国最大的电网运营商 E. ON Netz GmbH 电网公司颁布了针对发电厂接入高压电网的并网标准《Grid Code for High and Extra High Voltage》，规定了对接入高压和超高压电网的包含风电在内的电源的通用技术要求。

我国于 2005 年 12 月颁布了风电并网国家标准 GB/Z 19963—2005《风电场接入电力系统技术规定》，考虑到当时我国风力发电尚在发展初期，该标准适当降低了相关技术要求[41]。2011 年 12 月我国对其进行了修订，发布了新的国家标准 GB/T 19963—2011《风电场接入电力系统技术规定》（简称“规定”），对风电场并网相关要求包括风电场有功功率、无功功率、风电场电压控制、低压穿越、电能质量指标及二次系统等都做了详尽的规定，作为大型风电场并网的通用技术要求以指导解决风电场接入电网的若干技术层面的问题。

1. 风电场有功功率控制要求

风电场可以通过切入/切出风力发电机组或者切入/切出整个风电场，对于变桨距风力机还可以通过调整桨距，来调整有功功率输出的水平。随着穿透功率的提高，风电场需要装设有功功率控制系统，具有有功功率调节能力，能够接收执行电力系统调度机构下达的有功功率变化控制要求。

“规定”要求限制风电场最大有功功率变化率：在风电场并网过渡过程和风速增长变化过程中，风电场有功功率的变化应满足电力系统安全稳定运行的要求，有功功率变化的限值须依据所接入电力系统的频率调节特性，由电力系统调度部门确定。风电场有功功率变化包括 1min 有功功率变化和 10min 有功功率变化，有功功率变化最大限值见表 2-1，允许出现由于风速降低或风速超出切出风速而引起的风电场有功功率变化超出变化最大限值的情况。

**表 2-1　　正常运行情况下风电场有功功率变化最大限值**

| 风电场装机容量（MW） | 10min 有功功率变化最大限值（MW） | 1min 有功功率变化最大限值（MW） |
|---|---|---|
| <30 | 10 | 3 |
| 30~150 | 装机容量/3 | 装机容量/10 |
| >150 | 50 | 15 |

在电网特殊情况时需要限制风电场的有功出力，当出现下列三种电力系统事故或紧急情况时，风电场应根据电力系统调度机构的指令控制其输出的有功功率，必要时可以通过安全自动装置快速自动降低风电场有功功率或切除风电场。

（1）电力系统发生事故或特殊运行方式下要求降低风电场有功功率，防止输电设备过载，确保电力系统稳定。

（2）电网频率过高，如果常规调频电厂容量不足，需要按照电力系统调度机构指令降低风电场有功功率，严重情况下切除整个风电场。

（3）在电力系统事故或紧急情况下，若风电场的运行危及电力系统安全稳定，电力系统调度机构按规定暂时将风电场切除。

当发生这些特殊情况时，风电场有功功率变化可以不受电力系统调度机构规定的有功功率变化最大值的限制。

此外，考虑到风电出力的随机性及其对电网可靠稳定运行的影响，风电场应配置有风电功率预测系统，具有 0~72h 短期风电功率预测以及 15min~4h 超短期风电功率的预测功能。风电场需要每 15min 自动向电力系统调度机构滚动上报未来 15min~4h 的风电场发电功率预测曲线，预测值的时间分辨率为 15min。风电场还需每天按照电力系统调度机构规定的时间上报次日 0：00~24：00 风电场发电功率预测曲线，预测值的时间分辨率要求能够达到 15min。

2. 风电场的无功功率要求

风电场的无功电源包括风电机组和无功补偿装置，可以采用分组投切的电容器或电抗器，必要时可以采用能够连续调节的动态无功补偿装置。

风电场的无功容量应按照分（电压）层和分区基本平衡的原则进行配置，并同时满足检修备用要求。对于直接连入公共电网的风电场，“规定”要求其配置的容性无功容量能够补偿风电场满发时场内汇集线路、主变压器的感性无功及风电场送出线路的一半感性无功之和；配置的感性无功容量能够补偿风电场自身的容性充电无功功率及风电场送出线路的一半充电无功。而对于通过 220kV（或 330kV）风电汇集系统升压至 500kV（或 750kV）电压等级接入公共电网的风电场群中的风电场，其配置的容性无功容量能够补偿风电场满发时场内汇集线路、主变压器的感性无功及风电场送出线路的全部感性无功之和；配置的感性无功容量能够补偿风电场自身的容性充电无功功率及风电场送出线路的全部充电无功。

3. 风电场的电压调节

风电场并网后其出力的变化和功率因数的调节都会对接入电网的电压产生影响，电网电压水平也会影响风电场并网点高压侧母线及风力发电机组端电压水平。所以风电场电压调节的方式既可以通过调节风电场的无功功率进行调节，又可以通过调整风电场中心变电站主变压器的变比进行调节。

“规定”对并网风电场电压的要求是：当公共电网电压处于正常范围内时，风电场应能将风电场并网点电压限制在额定电压的97%~107%范围内。当风电场并网点电压为额定电压的90%~110%时，风电机组应能正常运行；当风电场并网点电压超过额定电压的110%时，风电场的运行状态由具体风电机组的性能决定。

随着风电装机规模增大，电网中风电穿透功率的提高，电网故障引起并网点电压跌落时，直接将风电场切出的策略不再适合，风电场应具有保持不脱网连续运行能力，甚至可以为电网提供一定的无功功率帮助电网电压恢复。风电场在电网发生故障时及故障后保持不间断并网运行，从而“穿越”低电压区域的能力通常称作风电场的“低电压穿越（Low Voltage Ride Through，LVRT）”能力。

图2-16为“规定”中风电场的低电压穿越要求。

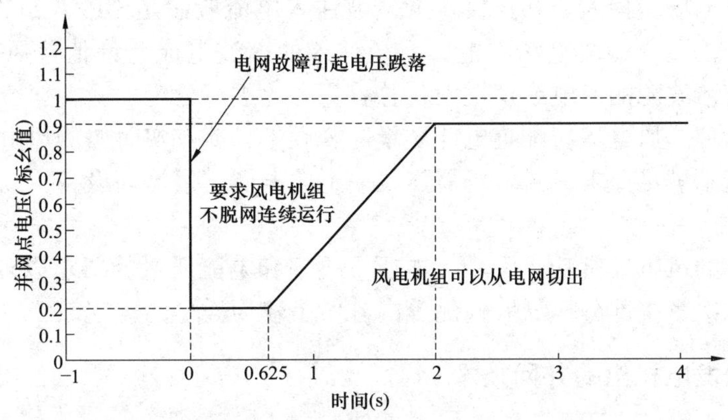


图2-16 风电场低电压穿越要求

如图2-16所示，“规定”要求风电场并网点电压跌至20%及以上额定电压时，风电机组应保证不脱网连续运行625ms；风电场并网点电压在发生跌落后2s内能够恢复到额定电压的90%时，风电场内的风电机组应保证不脱网连续运行。系统发生不同类型故障时，若风电场并网点电压全部在图2-16中实线及以上的区域内，风电机组必须保证不脱网连续运行；实线以下区域风电机组可以从电网切除。

低电压穿越过程中，风电场应具备的动态无功调节能力：当风电场并网点电压处于额定电压的20%~90%时，风电场应能够通过注入无功电流支撑电压恢复；自并网点电压跌落出现的时刻起，动态无功电流控制的响应时间要≤75ms，持续时间应≥550ms；向电网注入的动态无功电流至少为$1.5\times(0.9-U_T)\ I_N$（式中$U_T$是故障期间并网点电压标幺值；$I_N$是风电场的额定电流）。即当并网点电压跌落到额定电压的20%时，需要风电场提供的动态无功电流最大达到风电场额定电流的105%。

4. 并网风电场运行的频率要求

据“规定”，风电场应在表2-2所示电力系统频率范围内按规定运行。

表2-2 风电场在不同电力系统频率范围内的运行规定

| 电力系统频率范围（Hz） | 要求 |
| --- | --- |
| <48 | 根据风电场内风电机组允许运行的最低频率而定 |
| 48~49.5 | 每次频率低于49.5Hz时要求风电场具有至少运行30min的能力 |
| 49.5~50.2 | 连续运行 |
| >50.2 | 每次频率高于50.2Hz时，要求风电场具有至少运行5min的能力，并执行电力系统调度机构下达的降低出力或高频率切机策略，不允许停机状态的风电机组并网 |

5. 风电场电能质量指标

与国家电能质量标准的要求相一致，“规定”中关于风电场电能质量指标规定如下：

(1) 电压偏差。风电场并网点电压正、负偏差绝对值之和不超过额定电压的10%，正常运行方式下，其电压偏差应在额定电压的-3%~+7%范围内。

(2) 闪变。风电场所接入公共连接点（Point of Common Coupling，PCC）的闪变干扰值应满足GB/T 12326《电能质量 电压波动和闪变》的要求。

(3) 谐波。风电场所接入公共连接点的谐波注入电流应满足GB/T 24337《电能质量 公用电网间谐波》的要求，风电场向电力系统注入的谐波电流允许值按风电场装机容量与公共连接点上具有谐波源的发电或供电设备总容量之比进行分配。

(4) 监测与治理。风电场应配置电能质量监测设备，能够实时监测风电场电能质量指标是否满足要求；若不满足要求，风电场需安装一定的电能质量治理设备，以确保风电场合格的电能质量。

除了上述对并网风电场有功、无功、电压、频率和电能质量的要求以外，“规定”中还对并网风电场的二次系统部分、试验检测等内容做了较为详尽的规定。

### 2.3.3 风力发电机组的并网技术

发电机并网时一般要求发电机电压、频率、相位、波形等必须与电网保持一致，以免产生较大的瞬时冲击电流损坏电力设备，甚至使电力系统发生振荡，威胁到系统的安全稳定运行。而较之常规发电技术，风力发电的出力具有随机波动和不稳定的特点，因此风力发电机组需要更为精确可靠的并网控制技术。

1. 风力发电机组的并网方式

作为风电机组控制技术中的关键之一，有效可靠的并网方式是整个风力发电系统能够良好运行的前提，决定着风力发电机组能否安全稳定地向电网输送电能以及机组是否受到并网时冲击电流的影响。并网过渡过程是否平稳直接关系到发电机的安全和整个电网的稳定性。

(1) 恒速恒频异步风电机组并网方式。异步风力发电机结构简单、容易进行并网控制，运行时依靠转差率来调整功率输出；对机组的调速精度要求不高，只要转速接近同步转速就可以并网，并且并网后不会产生振荡和失步，运行稳定。但异步发电机运行时要吸收无功建立磁场，需要无功补偿装置的支持，并且异步发电机并网瞬间会出现较大的冲击电流，可达额定电流的4~6倍，造成电网电压瞬时大幅度下降。随着机组单机容量的增大，这个冲击电流对发电机自身部件安全和电网都会产生不良影响，过大的冲击电流会使发电机与电网连接的主回路中的线路保护动作，使自动开关断开；电压下降则可能引起低压保护动作，导致无法并网。所以异步风力发电机并网时须进行严格监视并采取相应的措施来保障发电机组安全并网。

异步风力发电机的并网方式主要有直接并网、准同期并网、降压并网和采用双向晶闸管控制的软切入并网[42、43]。

1）直接并网。直接并网仅需发电机与电网同相序，当转速接近同步转速（一般为 98%~100%同步转速），转差率满足要求时，即可直接合闸并网。

异步风力发电机与电网直接并网接线如图 2-17 所示，在风力机驱动下，升速齿轮箱将异步发电机转子转速带至同步速附近，由测速装置给出自动并网信号，通过自动开关或断路器合闸完成并网过程。

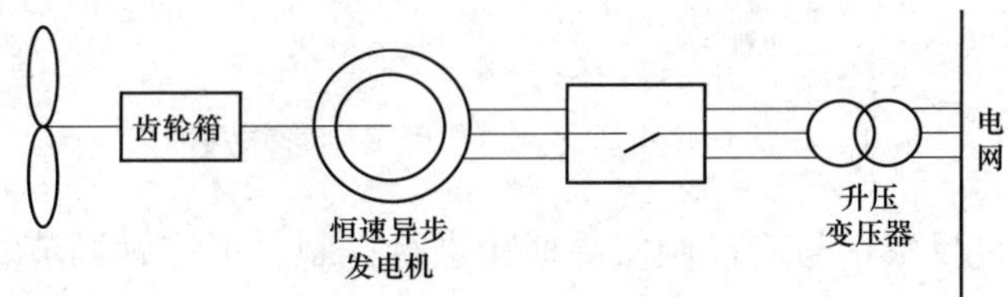


图 2-17　异步风力发电机组与电网直接并网接线示意图

较之常规同步发电机的准同期并网，异步发电机直接并网方式控制简单、投资少；但并网瞬间会发生三相短路，产生 4~6 倍额定电流的冲击电流，并使电网电压瞬时下降。由于并网前发电机本身无电压，并网时必经过一个较短时间（约零点几秒）的过渡过程达到稳定状态。并网时发电机转速与同步转速之间的差值越小，并网时产生的冲击电流越小，衰减的时间也越短。由于并网过程中冲击电流的存在，直接并网方式一般适用于异步风电机组容量在百千瓦级以下且电网容量较大的场合。我国最早引进的 55kW 异步风力发电机组和自行研制的 50kW 风力发电机组都是采用这种直接并网方式。

2）准同期并网。准同期并网指发电机转速接近同步转速时，在异步发电机机端通过并联电容励磁，建立额定电压，然后对已经建立的发电机电压和频率进行调节校正，使其与电网同步。当发电机的电压、频率、相位与系统一致时，将其投入电网运行。

准同期并网冲击电流较小，电网电压下降幅度小；但需要高精度的调速器和电容器等整步同期设备的支持，增加了机组造价，而且并网过渡时间较长。

3）降压并网。所谓降压并网就是为了降低并网合闸瞬间冲击电流的大小和电网电压下降的幅度，并网时在异步发电机每相绕组与电网之间串联电阻或电抗器，或者接入自耦变压器。当发电机并网稳定运行后再将接入的元件迅速从线路中切除以免其消耗功率。

降压并网适用于百千瓦级以上容量较大的机组，由于需要增加大功率电阻或电抗器且消耗能量，故经济性较差。我国引进的 200kW 风力发电机组，就是采用这种降压并网方式：并网过程中发电机每相绕组与电网之间串接有大功率电阻。

4）晶闸管软并网[42、44、45]。晶闸管软并网的异步发电系统结构如图 2-18 所示，发电机定子每相绕组与电网之间串入反并联或双向晶闸管及其保护电路作为软并网装置。

并网时，风轮带动异步发电机转动，带到同步转速附近时合并网接触开关 K3，并将发电机输出端开关 K1 闭合，使发电机经双向晶闸管连接至电网，控制单元根据检测到的发电机转速调节晶闸管控制角，使无触点软开关逐渐导通，定子电流逐步增大。当晶闸管全部导通，进入稳定运行状态时，将旁路接触开关 K2 闭合，短接晶闸管完成并网操作。发电机并网完成后，晶闸管的触发脉冲自动关闭，发电机输出功率不再经晶闸管而是通过已闭合的旁路接触开关 K2 直接流向电网。

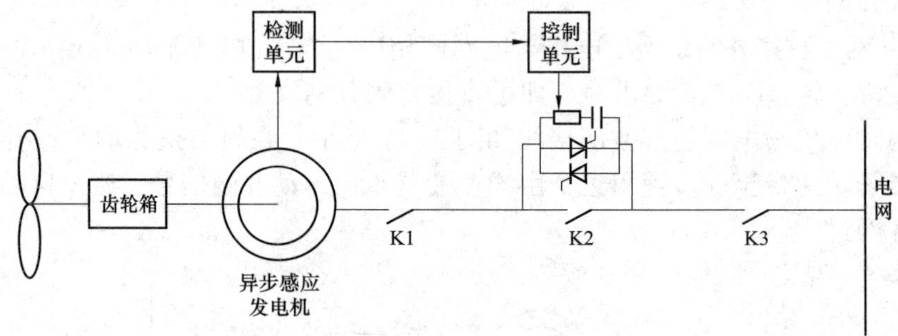


图 2-18　异步风力发电机经晶闸管软并网

并网过程中，通过反馈信号对晶闸管导通角进行控制，可连续调节加在负载上的电压波形，进而改变负载电压的有效值，将并网时的冲击电流限制在 1.25~2 倍额定电流以内，以得到一个比较平滑的过渡过程。而且晶闸管导通压降小，开关器件功率损耗和发热小；晶闸管是无触点的软开关，不存在接触不良、磨损等问题；晶闸管导通角连续可调，软并网过程平稳，限流可靠。

考虑到异步发电机运行时需要吸收无功功率来励磁，使风电机组的功率因数降低，并网结束后应立即在发电机端并入无功补偿装置，将发电机的功率因数提高到 0.95 以上。

晶闸管软并网方式是一种较为先进的并网方法，国内外大中型异步风力发电机组普遍采用晶闸管软并网方式。但这种方式控制比较复杂，而且对晶闸管器件和相应触发电路的一致性和可靠性要求较高：只有三相晶闸管性能一致，控制极触发电压、电流一致，开通后压降相同，才能保证晶闸管能够同步逐渐打开，保证三相平衡。

(2) 双馈异步风力发电机并网方式。双馈异步电机的转子经变流器连接电网，电机和电网之间构成所谓“柔性耦合”。转子有独立的交流励磁电源，可以在并网前建立与电网电压频率、相位、幅值一致的定子电压，发电机根据电网电压和转子转速来调节励磁电流，进而精确调节发电机输出电压来满足并网条件，因而可在变速条件下实现柔性并网。整个并网调节过程完全由转子变流器实现，不需要外加任何硬件装置，调节精度高，并网冲击小。

目前，双馈风力发电机组的并网方式主要是基于定子磁链定向矢量控制或者电压矢量控制的准同期并网控制技术，包括空载并网、带独立负载并网、孤岛并网几种。空载并网因控制策略简单，并网时冲击电流小，系统稳定性好等优点在工程中占优势。负载并网方式、孤岛并网等并网方式由于控制系统较复杂、系统稳定性差等缺点，其应用还有待实际工程验证[46]。

1) 空载并网。空载并网接线如图 2-19 所示，双馈风电机组不带本地负载。并网前定子侧开路，定子电流为零，发电机不参与能量和转速的控制，完全由原动机来控制发电机转速。转子由交流电源励磁，通过改变转子励磁电流调节定子电压，根据电网电压的信息，当建立的定子空载电压稳定且与电网保持一致后就可以实施并网，并网后再将变换器的控制策略切换至稳态发电控制策略，根据风速进行功率的实时调整，实现最大功率点跟踪。

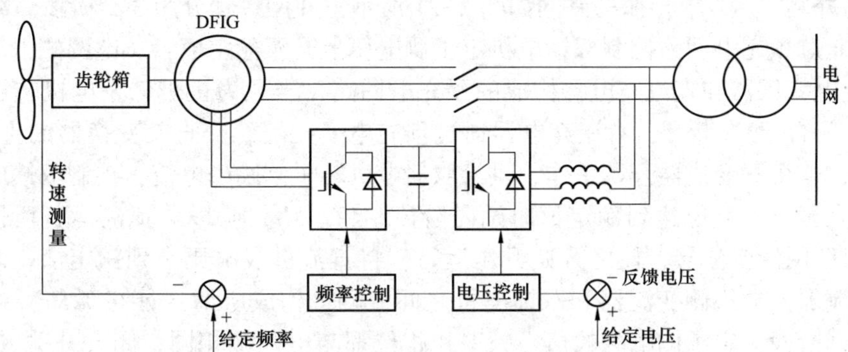


图 2-19　双馈异步风电机组空载并网接线

空载并网使用设备少，控制策略简单，并网过程几乎没有冲击电流；但并网前转速由风力机决定，完全依靠桨距角调节保持风力机转速在适当的范围内，因此风力机需有较强的调速能力，对原动机的要求较高。这种并网方式风力发电机组不带本地负荷，一般适用于直接向电网供电的大型风电场的并网控制。

2）带独立负载并网[47,48]。带独立负载并网如图 2-20 所示，并网前发电机带负荷运行，定子有电流，并网前发电机参与原动机的能量控制。并网时根据电网信息和定子电压、电流对发电机进行控制，满足条件时进行并网。带负载并网同样能实现无冲击并网，并网后发电机可以切除负载运行，定子侧功率全部输入电网；若并网后需要为本地负载继续供电，也可带负载运行。

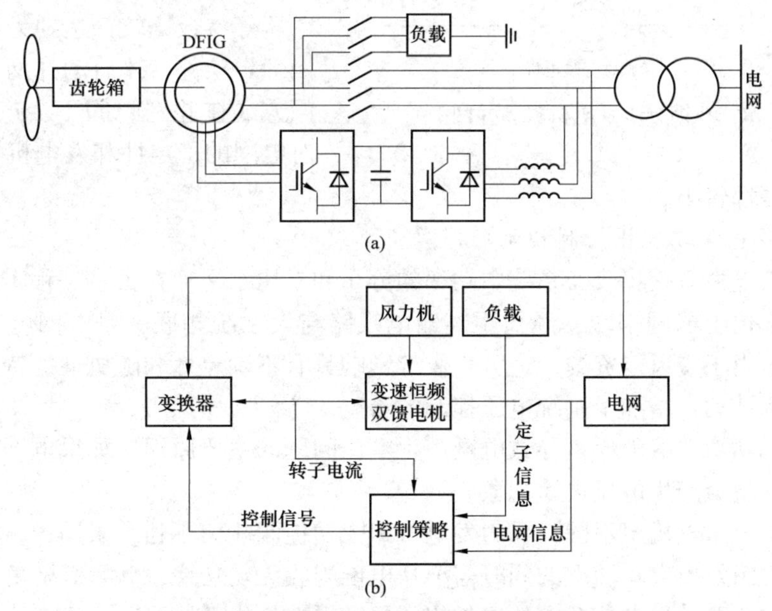


图 2-20　双馈异步风电机组带独立负载并网

（a）双馈异步风电机组带独立负载并网结构；（b）双馈异步风电机组带独立负载并网控制原理

带独立负载并网时电机带负载运行，定子有电流，并网所需的控制信息不仅来自于电网还来自于发电机定子侧。发电机具有一定的能量调节作用，可与风力机配合实现转速控制，降低了对风力机调速能力的要求，但控制较复杂，需要检测更多的电压、电流量。

3）孤岛并网[29、46、48、49]。孤岛并网如图 2-21 所示，并网过程分为 3 个阶段。第一阶段为励磁阶段，通过预充电回路控制双馈电机定子侧电压上升至额定值：从电网侧引出一路由开关 K1、预充电变压器和直流充电器构成的预充电回路，当风力机带动发电机转速达到励磁范围时，K1 闭合，K2 断开，直流充电器通过预充电变压器给交直交变换器的直流侧充电。充电结束后，电机侧变流器开始工作，供给双馈电机转子侧励磁电流，控制双馈电机定子侧电压上升，直至定子电压达到额定值时励磁阶段结束。第二阶段为孤岛运行阶段，将 K1、K2 断开，启动网侧变流器，使之开始升压运行，将直流母线电压升到额定值。此阶段，能量在网侧变流器、电机侧变流器和双馈电机之间流动，构成所谓“能量孤岛”运行。当进入发电机并网阶段，定子侧电压幅值、频率和相位都与电网侧相同，闭合开关 K2，可以实现电机与电网之间的无冲击并网。并网后，通过调节风机的桨距角来增加风力机输入能量实现并网发电。

孤岛并网方式并网前有能量回路，转子变流器的能量由定子提供，降低了能量损耗；但为了形成能量回路，需要预充电电路，成本较高，并且控制复杂。

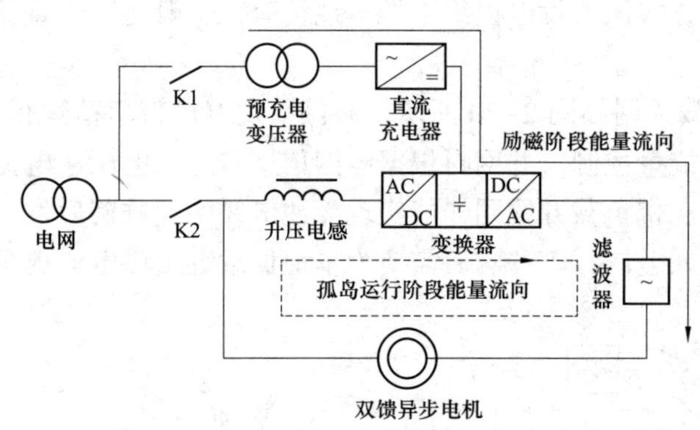

图 2-21　双馈异步发电机孤岛并网

（3）直驱式永磁同步风电机组并网方式。直驱永磁同步风电机组采用永磁同步发电机和全功率变流器，系统拓扑结构简单，控制容易。为保证并网瞬间发电机与电网上的电压、频率及相序一致，通过变换器的控制器采集电网电压、频率及相位等参数，与逆变器输出电压等参数比较，达到无冲击的软性并网理想条件后才启动并网操作。这种并网方式在并网瞬间不会产生冲击电流，对电网的稳定性和发电机定子绕组及其他机械部件损害都较小。

2. 风电并网的无功电压控制和无功补偿

风电场并入电力系统将改变系统中功率的分布和电压水平。在很多工程实际中，大规模风电接入系统都位于电网末端，经长距离输电线路与大系统相联，对电网电压影响更为显著。而风电出力由于受风能资源、地区气候等影响具有不确定性和随机性的特点，这会造成电网电压的大幅波动，增加了系统电压控制的难度。

风电场中无功功率的消耗是导致电网产生电压问题的主要原因，如果电网不能满足风电场的无功需求，就会产生电压失稳现象。

与常规火电、水电机组不同，风力发电机组无功控制能力不强。采用异步感应发电机的恒速恒频风电机组发出有功功率的同时需要从电网吸收无功功率，并且其随着有功出力的增加而增加；同时线路输送有功功率的增加将会导致风电场集电线路和升压变压器中无功损耗的增加。而采用双馈异步发电机或直驱永磁同步发电机的变速恒频风电机组能够实现有功、无功的解耦控制，考虑到运行的经济性，虽然在控制系统的作用下可以运行在单位功率因数的模式下，但仅仅是控制风电机组不消耗无功，输电线路、变压器等电网元件的无功损耗是系统的无功负荷。因此无论采用何种机型的风电场，当风电出力增加时，由电网向风电场输出的无功功率也随之增加，主电网与风电场之间线路上的电压降亦随之增加，使得节点电压水平过低。而在暂态过程中，由于故障线路切除引起线路等效阻抗增大，风电场送电线路的无功需求更高，导致机端电压水平下降更大。

如果电网原本无功不足，风电机组并入电网会扩大系统的无功缺额、恶化无功状况、降低电压水平。能否改善并网风电场对系统无功和电压的不利影响，解决含风电网的无功电压控制问题是决定风电场容量及风电场无功补偿策略的重要因素[12]。

风电场电压控制主要从两个方面来考虑：①利用风机组自身的无功电压调节能力，采用合适的控制策略来保证系统电压水平；②利用无功补偿设备进行无功控制。

双馈异步风力发电机组和直驱永磁同步发电机组的发电机端电压可以通过机组自身的控制系统进行连续的控制调整，风电机组能在电网需要时，快速向电网提供无功，方便地实现功率控制与补偿，调节电网的电压水平。

至于无功补偿设备，目前风电场中常用的有：

（1）并联电容器组。即将电容器连接成若干组，根据负荷的变化，分组投切，实现补偿无功功率的不连续调节。并联电容器补偿成本低、实现简便，没有旋转部件，维护方便，并且运行功率损耗小，目前在国内风电场应用比较普遍。但其输出的无功功率与电压的二次方成正比，在系统无功不足，电压水平过低时提供的无功反而以二次方比例下降，无法满足补偿需求。而且并联电容器组只能成组投切呈阶梯性调节，不具备平滑调节能力。另外电容器动作有延时，响应时间长，无法对无功负荷进行快速跟踪，电压控制也不够快速准确。为了吸收轻载时线路中的充电功率，有时也联合使用并联电抗器来作为风电场的无功电压调节方式。

（2）静止无功补偿器（Static Var Compensator，SVC）。SVC 由带有可控电路的电容器与电抗器并联而成，可灵活调节吸收和发出的无功以此来调节系统无功平衡能够实现无功的动态补偿。SVC 是应用较早也是目前应用最为广泛的新型 FACTS 装置[50]。

SVC 基于晶闸管技术，种类繁多，主要包括饱和电抗器型（Saturation Reactor，SR）、固定电容 & 晶闸管控制电抗器型（Fixed Capacitor & Thyristor Controlled Reactor，FC&TCR）、晶闸管投切电容器型（Thyristor Switched Capacitor，TSC）、晶闸管投切电容器 & 晶闸管控制电抗器型（TSC&TCR）以及机械投切电容器 & 晶闸管控制电抗器型（Mechanically Switched Capacitor & Thyristor Controlled Reactor，MSC&TCR）等几种类型。目前应用比较广泛的是 FC&TCR 和 TSC&TCR。

FC&TCR 型静止无功补偿器由固定电容器组和晶闸管控制的电抗器并联组成，电容器的容量固定不变；TCR 通过控制反并联的晶闸管的触发相位角，控制每个频率电感接入系统的时间长短，从而使 TCR 的视在电抗可控。TCR 可以吸收感性无功功率，固定电容器只能输出无功功率，两者的差是对系统发出或吸收的无功。FC&TCR 反应速度快，但由于固定电容器的存在，造成了无功功率和器件的浪费。

TSC&TCR 型静止无功补偿器由晶闸管投切电容器（TSC）支路和晶闸管控制电抗器（TCR）支路并联而成，TSC 分组投切对补偿的无功进行粗调，TCR 的电感对无功进行细调，通过控制 TCR 晶闸管的导通角抵消 TSC 可能产生的过渡补偿并使补偿连续。TSC&TCR 调节更为灵活且损耗浪费小，同时由于电感的存在，使得 TSC 投切时的冲击电流大大减小，还可滤除高次谐波，其缺点在于价格较昂贵。

SVC 可以对系统进行快速、连续补偿，基于晶闸管控制可以提高动态响应速度，在一定程度上满足动态无功需求，能有效改善风电系统的运行特性，在电力系统中得到广泛使用，在国内外风电场中也有大量应用。

（3）静止同步补偿器（Static Synchronous Compensator，STATCOM）也称作静止无功发生器（Static Var Generation，SVG）。STATCOM 是利用可关断大功率电力电子器件（如 IGBT、GTO 等）构成的自换相桥式电路，经电抗器或变压器与电网并联。STATCOM 的控制系统依据系统所需无功功率大小调节桥式电路交流侧输出电压的幅值、相位或调节其交流侧电流，使电路发出或者吸收系统所要求的无功实现动态补偿。较之 SVC，STATCOM 输出的无功功率与系统电压无关，即使电压较低仍可向电网注入较大的无功电流，具有低电压穿越能力；STATCOM 能够连续控制输出无功功率的极性和大小，具有动态响应速度快、可控性能好、体积较小等优点。目前许多学者都在进行关于 STATCOM 改善风电系统电压稳定、提高低压穿越能力等方面课题的研究，国内外风电场中也不乏应用，市场前景良好。

风电场应根据电网的具体要求，调整控制系统的控制目标策略；对于无功补偿设备和补偿方案的确定不仅应该满足风电场的并网技术准则，还应该根据风电场的并网情况、电网的实际运行特点，通过比较各种方案的技术性经济性来确定适合特定风电场的无功补偿方案。

3. 风电场的低压穿越

风电场并网技术规程要求风电场须具备外部电压故障下不间断运行能力，即电网故障或扰动引起风电场并网点 PCC 处的电压跌落时，风电机组应保持与电网连接甚至向电网提供一定的无功功率，支持电网恢复，直到电网恢复正常，从而“穿越”这个低电压时间（区域），即所谓低压穿越（LVRT）。

电网出现故障或网内大型异步电机的频繁起停等干扰都可能导致电网电压的跌落，会给风力发电机带来一系列暂态过程，如出现转速上升、过电压、过电流等，严重危及机组及其控制系统的安全运行[51]。风电技术发展初期电网中风电穿透功率较低，一般电网故障时风电机组就实施自我保护将机组自动解列，能最大限度保障风电机组自身的安全，也不会引起严重后果。但当系统中风电装机比例较高时，特别是高风速期间，输电网故障电压跌落时大量风电的切除会导致电网故障叠加风电切除扰动，使系统潮流出现大幅变化，增加整个系统的恢复难度，甚至可能加剧故障，直至造成系统局部甚至全面的瘫痪，所以必须采取一定的 LVRT 措施以保障系统的稳定运行。我国 GB/T 19963—2011《风电场接入电力系统技术规定》中关于低压穿越的要求见 2.3.2 条内容。

各风力发电机组类型具有不同的结构、特点，电网故障电压突降时呈现不同的暂态运行过程，相应地也要采取有针对性的适宜的 LVRT 实现方法。

（1）恒速恒频异步风电机组的低压穿越。恒速异步风电机组发电机定子与电网直接相连，发电机运行时需要吸收无功功率。与 DFIG 和 PMSG 受变流器的限制影响不同，笼式异步电机通常过载能力较强，电网故障时从电压跌落到恢复时间内能承受此短时过电流而不会受损烧毁[52]。但由于电网故障时电压跌落直接反映在发电机定子端电压上，发电机电磁转矩显著降低，而风力机产生的机械转矩在一定转速范围内几乎不变，作用在转子上的不平衡转矩必然导致发电机加速。如果在风速较高即机械转矩较大的情况下，电网故障切除时，发电机转速超过了系统的临界转速，故障切除后转子还将持续加速，直至风电机组超速保护动作切机。而且转子加速使异步发电机消耗更多的无功功率，故障线路跳闸导致电网结构变弱也会使无功消耗增加，消耗无功的增加会减慢故障后电机机端电压恢复的速度，如果机端电压在故障后不能迅速恢复，就会使发电机有功功率也无法恢复并且转子继续加速，最终导致风力发电机失去稳定。

恒速异步发电机在电压跌落期间失去稳定性的主要原因在于电磁转矩衰减导致转子转速飞升，要抑制故障期间发电机的加速，可以通过两种方式：一种是降低风力机输入的机械转矩，另一种是增大发电机的电磁转矩[53]。

电网发生故障时利用快速变桨，通过调节风力机桨距角，减小捕获的风能，可以降低风力机输入的机械功率从而减小故障时的机械转矩。但风机桨叶惯性大，机械系统响应速度比较慢，因此变桨距控制的作用效果受与故障持续时间有关的桨距控制的时间常数的限制，并且变桨距控制无法调节系统输出的无功功率来支持电网电压恢复，不能满足低压穿越要求中关于无功支持的要求。

据异步电机的机械特性，故障期间提高发电机定子端电压，可以有效增大发电机电磁转矩，抑制转子加速。将静止无功补偿器（SVC）或静止同步补偿器（STATCOM）等动态无功补偿装置应用在风电场，提高风力机的低电压穿越能力一直是研究的热点。电力电子无功补偿装置在故障期间向电网注入无功电流，能有效提高风电机组端电压达到增大发电机电磁转矩的目的，同时无功功率的补偿也有助于故障期间系统电压的恢复。还有学者利用在风电场出口升压变压器低压侧安装串联制动电阻或并联制动电阻[53]，故障发生时提升发电机机端电压，增大发电机电磁功率以抑制转子加速来提高风力发电机的低压穿越能力。研究表明采用变桨距控制结合动态无功补偿装置及故障期间串联或并联制动电阻对风场低电压穿越能力的提高均有一定的帮助。

（2）双馈异步风电机组的低压穿越。双馈异步发电机定子同样与电网直接相连，转子则通过变流器并网。电网电压跌落时定子电流增大，由于磁链不能突变，定子磁链出现暂态直流分量，不对称故障时还会出现负序分量[54,55]。定子磁链的直流分量和负序分量相对于以较高转速运转的感应电机转子会形成较大的转差，在转子侧感生出较高的感应电动势并产生较大的感应电流。如果不采取改进的控制方案和正确的保护措施，转子过电压易损坏发电机转子绕组的绝缘，甚至将绝缘击穿，降低发电机的使用寿命。而双馈异步发电机转子侧接有转子侧变换器，电力电子器件的热时间常数非常小，极易遭受到故障过电流的损坏。而过渡过程中定、转子电流的剧烈变化会使发电机电磁转矩产生较大波动，不仅导致转子加速还会给齿轮箱等机械部件产生很大的扭切应力冲击，影响机组的使用寿命。从能量守恒角度[56]，故障时电网电压快速大幅跌落，风力机吸收的风能短时间不会有明显变化，但电压下降使发电机产生的电能不能全部送出，未能输出的能量将消耗在机组内部。这部分能量使转子转速升高，进而致使流经转子侧变流器的转差能量增加，从而导致了转子电流的增大。转子能量经转子侧变流器，一部分被网侧变流器传递到电网，余下部分给变流器直流电容充电，导致直流母线电压迅速升高。过大的电流和电压将导致转子侧变换器、定转子绕组绝缘以及直流母线电容的损坏。

根据风电场并网规范中对于LVRT的要求和上述电网故障对双馈异步发电机组影响的分析，实现DFIG低电压穿越运行的控制目标包括[57,58]：释放风力机吸收的剩余能量，抑制故障电流，保护转子侧变流器和直流母线电容的安全；保持电磁转矩瞬态幅值在转轴和齿轮可承受范围之内；连续稳定地提供无功功率以协助电网电压恢复，防止电网电压崩溃。

由于双馈异步发电机对电网故障敏感，LVRT控制比较复杂，当前实现双馈异步风电机组低压穿越课题的热点研究方向有[55~64]：

1）改进双馈异步发电机变流器的控制策略实现低压穿越。改进DFIG控制策略不增加系统硬件电路，在稳定状态控制策略的基础上，对变流器控制策略或算法进行一定修正来提高系统暂态适应能力以实现低电压穿越。

传统双馈异步发电机基于定子磁场定向或定子电压定向的矢量控制方法一般采用比例积分（PI）调节器，实现有功、无功功率解耦调节，稳定状态时控制变流器以获得系统最佳工作性能，并具有一定的抗干扰能力。但当电网电压大幅降落时，发电机转子回路中的电流增加较大，PI调节器容易出现输出饱和，难以进行有效控制，DFIG实际上处于一种非闭环的控制状态。

改进控制策略的基本思想是选择故障时双馈发电机变化量作为扰动量，通过模型计算得到变量直流分量和负序分量的扰动表达，扰动分量以前馈方式在控制环路解耦部分进行补偿，以消除扰动分量的干扰，改善系统的低压穿越性能。有研究对转子电流进行控制，通过改变转子电流的控制给定值，抑制故障条件下定子磁链直流分量和负序分量对转子回路的影响，从而降低转子过电流。也有学者采用磁链跟踪方式，以定子和转子磁链为控制对象，针对电网电压跌落过程中发电机内部电磁变量的暂态特点，通过控制转子磁链实时跟踪补偿定子磁链，抑制并网点电压跌落时转子的过电流，该方法可以有效减少转子电流的波动，同时抑制故障过程中发电机转子的电磁转矩的波动，减小机械损耗；其缺点是受定子磁链波动检测误差和漏感系数的影响较大。还有专家提出基于可靠控制技术的$H_\infty$和$\mu$-analysis方法设计的新型鲁棒控制器，其网侧变流器检测直流母线电压和定子端电压幅值的变化，产生电流信号来进行补偿；机侧变流器检测定子输出的有功、无功功率，产生转子电流信号进行补偿。这种鲁棒控制器降低了对系统参数变化的敏感性，即使外部有干扰或者参数有误差仍能保持良好的控制效果。

通过改进控制策略使DFIG实现低压穿越的控制效果受变流器容量的限制，在一些严重故障下往往无法实现LVRT运行，存在可行性区域的限制。

2）采用转子侧短路保护（Crowbar Protection，也称撬棒保护）电路的低压穿越技术。转子侧撬棒保护指故障时在转子侧通过开关元件将耗能电阻接入系统，为转子侧的过电流提供一条释放通路，以避免引起器件或母线的过电流、过电压。其工作原理是当检测到转子绕组电流或直流母线电压超过整定的阈值时，撬棒保护动作，触发开关元件导通，将双馈感应发电机的转子绕组短接，同时关断转子侧变流器中所有开关器件将其旁路，避免过电流、过电压对其的损害；同时让耗能电阻接入系统，故障电流流过撬棒以消耗能量。撬棒短接时间很短（60~80ms），短接期间发电机的运行状态类似于普通绕线式异步电机；电网故障消失、机端电压恢复后关断撬棒电路功率开关，转子侧变流器再恢复正常运行。

从早期的被动式（Passive）撬棒到满足当前LVRT标准的主动式（Active）撬棒，撬棒保护电路存在多种类型。被动式撬棒保护电路采用不可控电力电子元件作为投切控制开关，尽管结构简单成本低廉但由于不能可控关断，一旦保护电路动作后必须待转子电流为零、定子脱网、机组停机时才能切除撬棒电路重新并网，不能按要求在电网故障消失时立即恢复转子侧变流器的正常工作。这与新的 LVRT 规则中关于风力发电机在电压跌落情况下，能持续保持与电网连接的要求不相符。而主动式撬棒保护电路中主要采用强制换流器件 GTO、IGBT 等作为投切控制开关，能够在撬棒保护电路动作后，根据电网要求在适当的时候瞬时关断开关器件将保护电路切除。从而使风力发电机组能够在不脱离电网的情况下恢复转子侧变流器的工作，加快撬棒切除过渡时间，以方便快速实施无功补偿控制，有利于机组和电网的运行。一种典型的主动式撬棒保护电路拓扑结构如图 2-22 所示。

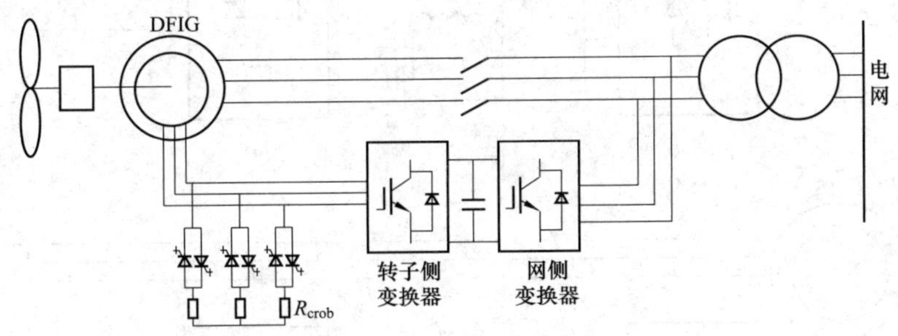


图 2-22　双馈异步发电机转子撬棒保护电路

撬棒保护电路中耗能电阻 $R_{crob}$ 的选择十分关键：阻值越大，转子电流衰减越快，电流、转矩振荡幅值也越小；但阻值过大会导致转子侧变换器中功率开关器件和转子绕组上产生过电压，并使直流母线电压振荡幅值增大。撬棒电路耗能电阻取值需根据发电机系统参数，兼顾转子和抑制电流的效果综合决定。

撬棒电路投入与切除时刻的选择也至关重要：撬棒保护电路动作后，选择恰当的时刻切除，缩短从普通异步电机运行状态恢复到双馈调速可控状态的过渡时间，以便于机组和电网的运行。此外如何解决撬棒短接期间异步电机运行状态从电网吸收无功不利于电网电压稳定，以及如何缓解撬棒电路的投切操作对系统产生的暂态冲击等问题，都是当前关于利用撬棒保护电路实现 LVRT 的热点技术问题。

撬棒电路对大容量风电系统和电网电压跌落幅度较大时的功率平衡和器件保护作用效果显著。

3）采用直流侧保护电路的低压穿越技术。电网故障时，较大的转子故障电流流经变换器直流电容，引起直流母线电压的波动。而电网电压骤降导致网侧变换器控制直流母线电压的能力减弱，不能及时将转子侧过剩的能量传递到电网上，致使直流母线电压迅速上升，危及直流母线电容的安全。

直流母线直流侧保护电路就是在变流器直流母线增加卸荷电路（也称作直流侧撬棒电路），如图 2-23（a）所示。电网故障直流母线电压迅速上升时将卸荷电路投入，消耗直流侧多余的能量，限制直流侧过电压。并在电网发生严重不对称故障时减小直流母线电压的波动和变流器有功、无功功率的波动。卸荷电路中的耗能电阻只能把故障时直流侧的多余能量耗掉，为利用这部分电能，图 2-23（b）改为在直流母线上并联超级电容或储能电池组作为能量存储系统装置（Energy Storage System，ESS），将故障期间发电机转子中暂时无法回馈到电网的过剩能量储存起来，待故障结束后送回电网，以保持母线电压稳定。ESS 通过 DC-DC 双向变流器与直流侧连接，电网电压跌落或恢复时，根据直流侧电压的变化确定变换器的工作状态，通过控制储能系统能量的存储和释放，实现能量的双向传输，提升系统低压穿越能力。

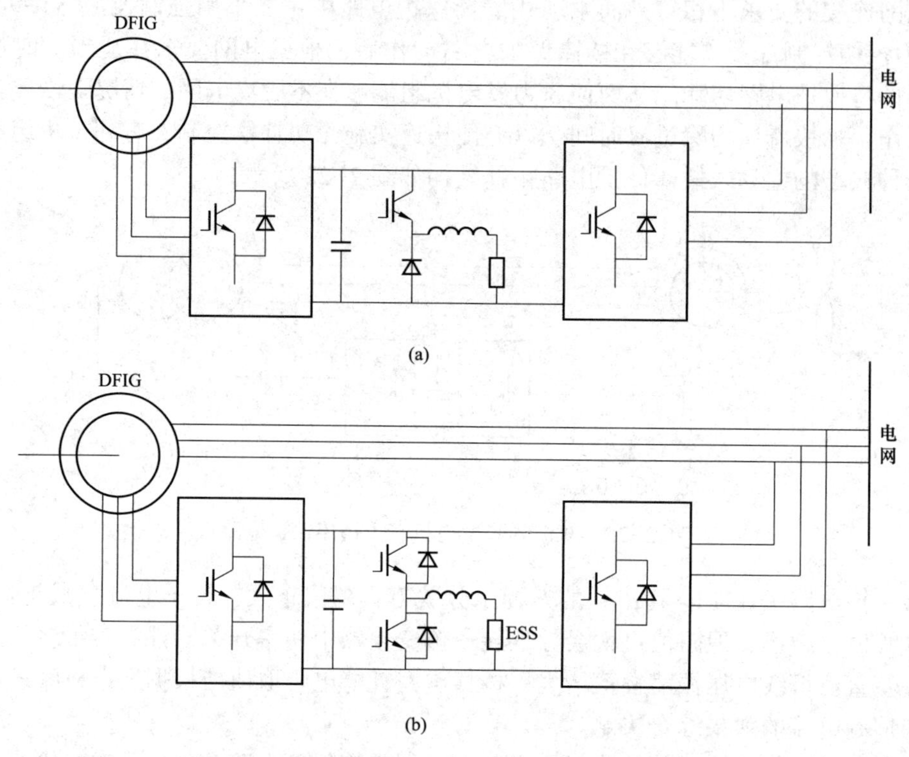


图 2-23 双馈异步发电机直流侧保护电路

（a）直流侧撬棒电路；（b）直流侧并联能量存储装置

4）采用定子侧串联补偿电路的低压穿越技术。定子侧电压补偿电路针对电网故障时 DFIG 定子端电压的跌落，故障发生时控制交流开关将其串入，以提高定子端电压，从而减小电网电压跌落对风电机组的冲击。此技术能够同时保持故障时 DFIG 与电网的连接，确保对 DFIG 的有效控制，最大限度地输出有功功率和无功功率以支持电网的稳定。

定子侧补偿可采用串联动态电压恢复器（Dynamic Voltage Restorer，DVR）、串联网侧变流器（Series Grid-Side Converter，SGSC）和串联无源阻抗等几种方式。

串联动态电压恢复器的核心单元是基于全控器件的电压源逆变器，其结构如图 2-24 所示。DVR 相当于一种串联型电能质量控制器，电网故障电压跌落时通过输出一个幅值、相位可控的串联补偿电压实现对并网点电压的补偿，进而实现 LVRT。DVR 电路可较好地提高网侧电压的动态性能，有效地防止电压跌落对风电系统的影响，且电路有一定量的无功补偿能力；但 DVR 电路采用的器件较多，经济性较差，且 DVR 补偿电压的性能与控制策略有很大关系。

网侧串联变流器是在双馈异步发电机定子侧增加一个串联变流器和一个串联变压器，此变流器与原有网侧变流器（GSC）和转子侧变流器（RSC）共用中间直流母线，其结构如图

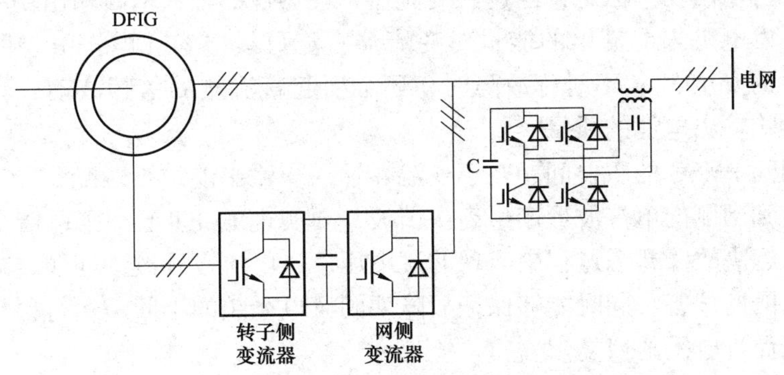


图 2-24　带动态电压恢复器的双馈异步风电机组结构

2-25 所示。定子电压矢量由电网电压矢量与串联变流器注入的串联电压矢量合成，通过控制串联网侧变流器（包括 GSC 和 SGSC）的输出可以对故障电压进行补偿，保证 DFIG 定子电压的稳定；调节 DFIG 定子磁链，使之保持稳定，以减小直至消除定子电压突变引起的暂态电磁现象提高系统的 LVRT 能力。

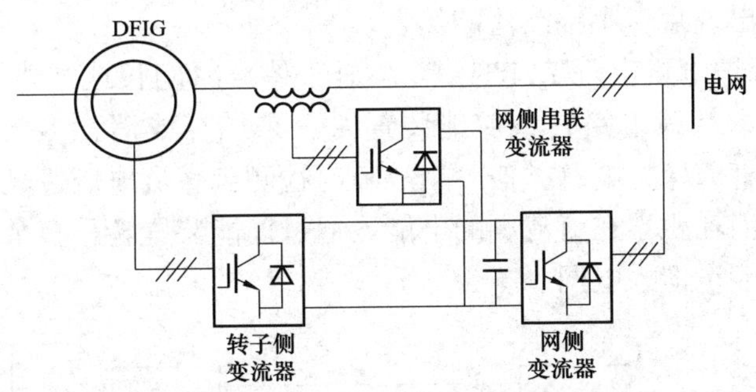


图 2-25　带网侧串联变流器的双馈异步风电机组结构

为了取得更好的保护控制效果，还可以将以上几种电路进行组合构成组合保护电路以更加有效地实现低压穿越。

5）基于动态无功补偿的低压穿越技术。与恒速恒频风电机组类似，双馈异步风电系统同样可以采用动态无功补偿装置提高低压穿越能力。电网故障时控制动态无功补偿设备向电网注入一定无功电流，借助电网元件阻抗的存在支撑电网电压的恢复。无功补偿设备动态提供风电机组暂态过程所消耗的无功，帮助恢复机端电压。并且由于电网电压大幅跌落投入撬棒保护电路时，DFIG 等效为普通异步电机，需从电网吸收励磁无功，并联在双馈异步风电场并网点的 SVC 或 STATCOM 等无功补偿设备，可以维持撬棒动作前的电压支撑和动作后的无功补偿需求，对电网具有更大的意义。

（3）直驱永磁风电机组的低压穿越。同双馈异步风力发电机组不同，直驱永磁同步发电机经全功率变流装置连接电网，与电网不存在直接耦合，在变换器的隔离作用下，电网侧的变化不会直接影响到发电机；即使电网故障期间，变流器中间直流母线电压发生一定波动，也不妨碍机侧变流器保持对发电机的良好控制。因而直驱永磁同步发电机在低压穿越的实现上具有明显的优势。

永磁同步风力发电系统电网发生故障时，发电机并网点电压的瞬时下降会引发变流器增加输出电流以维持输出功率恒定，但达到变流器开关器件的最大值时输出功率受限，输入输出功率不平衡，发电机未能输出的能量对变流器直流母线电容充电，引起母线电压快速上升，威胁到器件的安全[65]；不对称故障时，还会引起直流侧的倍频波动，威胁变流器、电容器的安全，影响输出电能的质量[55]。

电网故障期间PMSG的主要问题在于变流器输入、输出能量不匹配，导致直流电压的上升与波动及输出到网侧的电流波形产生高次谐波，要实现LVRT必须采取措施储存或消耗掉多余的能量，以解决故障暂态过程中出现的过电压、过电流以及波动问题，减少或避免故障对风电系统和电网的危害，同时能够保证故障期间风电系统的不间断运行，并向电网提供一定量的无功，以促进电网的恢复。

目前在工程实际与研究试验中一般采取的方式主要有：

1）通过扩大变流器容量提高机组LVRT能力。针对故障期PMSG发电机剩余能量致使直流侧母线电压上升超过变流器耐压限制的问题，考虑在选择变流器时提升其容量和直流电容的额定电压，通过提高直流母线的电压限值，使其能够储存更多的能量。将网侧变流器电流裕量相应增大，允许其输出的能量增加。但是系统成本限制了器件容量的提升，而且长时间或严重故障下情况下会出现功率的严重不匹配，还是有可能超出器件容量，所以这种方法只适用于电网电压仅出现短时小幅跌落的场合。

2）基于直流侧保护电路实现LVRT[54、65]。对于持续时间长或严重故障，可以使用直流侧撬棒保护电路（也即卸荷电路）或储能装置ESS来储存或消耗多余能量，如图2-26所示。与双馈异步电机直流保护电路类似，当故障时检测到直流电压过高就触发保护的功率开关，或通过耗能电阻消耗积累在直流侧的电能或通过储能装置转移多余的直流储能，待故障消失后再将所储存的能量馈入电网。

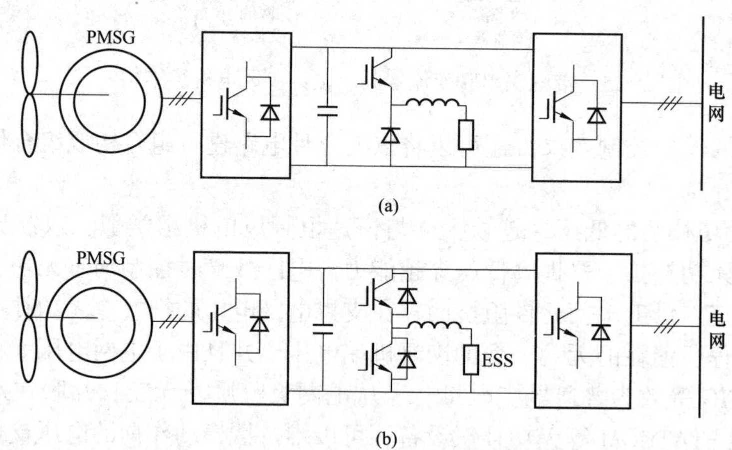


图2-26 直驱永磁同步发电机直流母线保护电路
（a）直流侧带撬棒保护电路；（b）直流侧并联储能装置

3）基于改进直驱永磁发电机组变流器控制策略的LVRT实现[65、66]。即在稳态控制策略的基础上，研究故障期电压跌落时机侧变流器的输入功率与网侧变流器输出功率的不平衡关系，修正变流器的控制环路或改进其控制算法，调节变流器的输入输出维持功率的平衡，保证系统稳定运行实现LVRT。如有研究将网侧变流器输出功率引入机侧变流器的控制环路，实时调节电机的输出功率维持功率平衡；同时网侧变流器采用直流母线电压和网侧电流双闭环控制，保持直流侧的电压稳定。还有学者将直流母线电压作为机侧变流器的反馈，根据直流母线电压实时调节机侧变流器的输出功率，并在网侧变流器引入电机的输出功率补偿量，实时协调网侧输出与发电机输入的关系，实现功率平衡等[67,68]。

还有研究采用网侧变流器无功补偿控制策略：故障前，网侧变流器运行于正常逆变模式实现交流侧正弦电流输出；电网发生故障时，网侧变流器运行在静止无功补偿（STATCOM）模式，根据电网电压跌落的深度来判断变流器发出无功电流的大小，以提供动态无功补偿，帮助电网电压恢复 。

另外通过减小故障时同步发电机的发电功率来满足功率平衡，也是实现 PMSG 低压穿越的研究方向之一。除此以外还有采用类似双馈异步风电机组的串联网侧变流器、无功补偿等方法来提高直驱永磁同步发电机的 LVRT 能力。

## 参 考 文 献


[1] 程卫东．含风电场电力系统的概率潮流［D］．北京：华北电力大学，2010.

[2] 杨秀，李宏仲，赵晶晶．分布式发电及储能技术基础［M］．北京：中国水利电力出版社，2012.

[3] 朱永强．新能源与分布式发电技术［M］．北京：北京大学出版社，2010.

[4] 郑志宇，艾芊．分布式发电概论［M］．北京：中国电力出版社，2013.

[5] 李春来，杨小库．太阳能与风能发电并网技术［M］．北京：中国水利电力出版社，2011.

[6] 程明，张建忠，王念春．可再生能源发电技术［M］．北京：机械工业出版社，2012.

[7] 朱永强，王伟胜．风电场电气工程［M］．北京：机械工业出版社，2012.

[8] 孙云莲，杨成月，胡雯．新能源及分布式发电技术［M］．北京：中国电力出版社，2015.

[9] 杨建斌．大型风电场接入电网的动态特性仿真研究［D］．昆明：昆明理工大学，2011.

[10] 申洪．变速恒频风电机组并网运行模型研究及其应用［D］．北京：中国电力科学研究院，2003.

[11] 雷亚洲，王伟胜，印永华，等．含风电场电力系统的有功优化潮流［J］．电网技术，2002，6（06）：18-21.

[12] 袁铁江，晁勤，李建林．风电并网技术［M］．北京：机械工业出版社，2012.

[13] 张新燕，王维庆，何山．风电并网运行与维护［M］．北京：机械工业出版社，2011.

[14] 李生虎．风力电力系统分析［M］．北京：科学出版社，2012.

[15] 万航羽．风电场模型研究及应用［D］．北京：北京交通大学，2008.

[16] 朱永强，迟永宁，李琰．风电场无功补偿与电压控制［M］．北京：电子工业出版社，2012.

[17] 钱少峰．大型恒速恒频风电场并入输电网的动态特性研究［D］．北京：华北电力大学，2008.

[18] 迟永宁．大型风电场接入电网的稳定性问题研究［D］．北京：中国电力科学研究院，2006.

[19] 关宏亮．大规模风电场接入电力系统的小干扰稳定性研究［D］．北京：华北电力大学，2008.

[20] Kundur．电力系统稳定与控制［M］．北京：中国电力出版社，2002.

[21] 姜代鹏．并网风电场对电力系统电压稳定性影响的研究［D］．镇江：江苏大学，2010.

[22] Man Wang，Chen-dong Qiu．Probabilistic Voltage Stability Analysis of Wind Farm Integrated Power Grid［C］．7th International Conference on Information and Automation for Sustainability.

[23] 任磊．风力发电对电力系统稳定控制的影响研究［D］．武汉：华中科技大学，2011.

[24] 李军军．并网型风力发电系统的小扰动稳定性分析研究［D］．长沙：湖南大学，2011.

[25] 马威．基于永磁同步发电机的直驱式风电系统建模与仿真［D］．兰州：兰州理工大学，2010.

[26] 郭环球，王爱元. 基于矢量控制的永磁同步电动机调速过程的仿真［J］. 电机与控制应用，2005，32（05）：34-36.
[27] 姚兴佳，马晓岩，鲍洁秋. 直驱型变速恒频风力发电机稳态特性［J］. 沈阳工业大学学报，2009，31（01）：30-34.
[28] 蔺红. 直驱式风电场动态等值建模研究［D］. 乌鲁木齐：新疆大学，2012.
[29] 庄凯. 直驱永磁同步风电机组并网变换器关键技术研究［D］. 重庆：重庆大学，2012.
[30] 祝贺. 直驱永磁风力发电机组数学模型及并网运行特性研究［D］. 沈阳：沈阳工业大学，2013.
[31] 高起山. 直驱永磁同步风电场等值建模研究［D］. 北京：华北电力大学，2011.
[32] 周双喜，鲁宗相. 风力发电与电力系统［M］. 北京：中国电力出版社，2011.
[33] 中华人民共和国国家质量监督检验检疫总局，中国国家标准化管理委员会. 电能质量供电　电压偏差：GB/T 12325—2008［S］. 北京：中国标准出版社，2009.
[34] 国家标准化管理委员会. 电能质量供电　电压波动和闪变：GB/T 12326—2008［S］. 北京：中国标准出版社，2009.
[35] 中华人民共和国国家质量监督检验检疫总局，中国国家标准化管理委员会. 电能质量　公用电网谐波：GB/T 24337—2009［S］. 北京：中国标准出版社，2010.
[36] 中华人民共和国国家质量监督检验检疫总局，中国国家标准化管理委员会. 电能质量　电力系统频率偏差：GB/T 15945—2008［S］. 北京：中国标准出版社，2008.
[37] 中华人民共和国国家经济贸易委员会. 电力系统安全稳定导则：DL 755—2001［S］. 北京：中国电力出版社，2001.
[38] 覃晖，覃惠玲，乔可，等. 风电场对系统小干扰稳定的影响研究［J］. 电工技术，2010（12）：29-30.
[39] 曹娜，李岩春，赵海翔，等. 不同风电机组对电网暂态稳定性的影响［J］. 电网技术，2007，31（09）：53-57.
[40] 中华人民共和国国家质量监督检验检疫总局，中国国家标准化管理委员会. 风电场接入电力系统技术规定：GB/T 19963—2011［S］. 北京：中国标准出版社，2012.
[41] 戴慧珠，迟永宁. 国内外风电并网标准比较研究［J］. 中国电力，2012，45（10）.
[42] 龚立秋. 异步风力发电机组软并网控制系统的研究［D］. 湘潭：湘潭大学，2009.
[43] 惠晶. 新能源发电与控制技术［M］. 北京：机械工业出版社，2012.
[44] 李文朝. 并网型风电机组软并网控制系统研究［D］. 南京：河海大学，2006.
[45] 李建春. 风力发电机组并网方式分析［J］. 中国科技信息，2010（1）：25-27.
[46] 赵莹，邹亚麟. 风电并网技术研究［C］. 云南电力技术论坛，2011.
[47] 马祎炜，俞俊杰，吴国祥，等. 双馈电机风力发电柔性并网方式的分析与比较［J］. 上海大学学报（自然科学版），2009，15（03）：238-244.
[48] 李建林，赵栋利，李亚西，等. 几种适合变速恒频风力发电机并网方式对比分析［J］. 电力建设，2006，27（05）：8-10.
[49] 李亚西，王志华，赵斌，等. 大功率双馈发电机“孤岛”并网方式［J］. 太阳能学报，2006，27（01）：1-6.
[50] 李少博. 风电场无功补偿优化配置［D］. 天津：天津大学，2012.
[51] 周双喜，朱凌志，郭锡玖. 电力系统电压稳定性及其控制［M］. 北京：中国电力出版社，2004.
[52] Abbey C，Joos G. Effect of low voltage ride through（LVRT）characteristic on voltage stability［C］//2005 IEEE Power Engineering Society General Meeting，San Francisco，CA，USA：2005.
[53] 刘德才，吕春晖. 并联制动电阻对恒速恒频风机低电压穿越能力的提升［J］. 通信电源技术，2013，30（6）：32-36.

[54] 张兴，张龙云，杨淑英，等. 风力发电低电压穿越技术综述 [J]. 电力系统及其自动化学报，2008，20 (02)：1-8.

[55] 陈亚爱，刘劲东，周京华，等. 风力发电系统的低电压穿越技术综述 [J]. 电气传动，2013，43 (11)：3-10.

[56] 贺益康，周鹏. 变速恒频双馈异步风力发电系统低电压穿越技术综述 [J]. 电工技术学报，2009，24 (09)：140-146.

[57] 杨耕，郑重. 双馈型风力发电系统低电压穿越技术综述 [J]. 电力电子技术，2011，45 (08)：32-36.

[58] 程孟增. 双馈风力发电系统低电压穿越关键技术研究 [D]. 上海：上海交通大学，2012.

[59] 蔚兰. 分布式并网发电系统低电压穿越问题的若干关键技术研究 [D]. 上海：上海大学，2011.

[60] Manoj R Rathi, Ned Mohan. A novel robust low voltage and fault ride through for wind turbine application operating in weak grids [C]. Proceedings of the 31st Annual Conference of IEEE on Industrial Electronics Society, 2005：2481-2486.

[61] Xiao S，Yang G，Zhou H. A LVRT Control Strategy Based on Flux Tracking for DFIG based Wind Power Systems [C] //Power Electronics and ECCE Asia (ICPE & ECCE)，2011IEEE 8th International Conference on，2011：76-82.

[62] 凌禹. 大型双馈风电机组故障穿越关键技术研究 [D]. 上海：上海交通大学，2014.

[63] 李建林，赵栋利，李亚西，等. 适合于变速恒频双馈感应发电机的Crowbar对比分析 [J]. 可再生能源，2006 (05)：57-60.

[64] 张禄. 双馈异步风力发电系统穿越电网故障运行研究 [D]. 北京：北京交通大学. 2012.

[65] 孟明，靖言，李和明. 变速恒频直驱型风电系统低压穿越技术 [J]. 电工电能新技术，2011，30 (2)：53-58.

[66] 李建林，胡书举，孔德国，等. 全功率变流器永磁直驱风电系统低电压穿越特性研究 [J]. 电力系统自动化，2008，32 (19)：92-95.

[67] Yang Xiao-ping, Duan Xian-feng, Feng Fan, et al. Low Voltage Ride-through of Directly Driven Wind Turbine with Permanent Magnet Synchronous Generator [C] //Power and Energy Engineering Conference, APPEEC 2009. Asia-Pacific 2009：1-5.

[68] 刘胜文，包广清，范少伟，等. 双PWM直驱同步风力发电的低电压穿越控制 [J]. 大电机技术，2011，4 (6)：15-18.

[69] 刘其辉. 变速恒频风力发电系统运行与控制研究 [D]. 浙江大学，2005.

[70] 邹旭东. 变速恒频交流励磁双馈风力发电系统及其控制技术研究 [D]. 华中科技大学，2005.

# 第3章　太阳能发电及并网技术

太阳能（Solar Energy）指太阳的辐射能量，其表现形式就是太阳光线。不经转换，直接利用的太阳能属于一次能源。太阳能对人类社会而言取之不尽用之不竭，是可再生能源。太阳能的开发利用相对清洁无污染，安全环保，属于清洁型能源。自古以来，人类就利用太阳能制盐、晒谷；而我国人民早在周代就能利用凹面镜的聚光焦点向日取火，这是人类对太阳能的最早利用之一。随着化石能源日趋减少，在现代科学技术的基础上太阳能利用技术不断得到发展，成为人类使用能源的重要组成部分，所以太阳能更是一种新兴的可再生能源。

在目前几种新能源技术中，太阳能以其突出的优势被认为最具前景的新能源技术，具有无限的潜力。当前太阳能的利用方式有太阳能发电、太阳能热利用、太阳能动力利用、太阳能光化学利用、太阳能生物利用等。其中太阳能发电以其优异的特性近年来在全世界范围内得到快速发展，成为太阳能利用的主要方式之一。太阳能发电的形式主要有太阳能热发电和太阳能光伏发电两种。

## 3.1　太阳能热发电技术

太阳能热发电技术至今是一个正在发展中的新技术，太阳能热发电是将太阳辐射能转换为热能，然后按照某种发电方式将热能转换为电能。太阳能热发电的方法是：①利用太阳热能直接发电，如利用半导体材料或金属材料的温差发电、真空件中的热离子和热电子发电、碱金属的热电转换以及磁流体发电等；②太阳能热动力发电，即将太阳热能转换为机械能，再把机械能转换为电能，如槽式系统、塔式系统和碟式系统等，利用聚光集热器将太阳能聚集起来，将某种工质加热到数百摄氏度的高温，然后经过热交换器产生高温高压的过热蒸汽，驱动汽轮机并带动发电机发电。前者尚处于原理性试验阶段，而后者已有100多年的发展历史，而通常所说的太阳能热发电技术主要是指太阳能热动力发电，也称作聚焦型太阳能热发电（Concentrating Solar Power，CSP）。

### 3.1.1　太阳能热发电技术的发展[1]

自从20世纪初，人们就开始了关于太阳能热发电的研究，但由于当时太阳能热电技术落后及能源供应相对稳定，太阳能热利用发展缓慢。直到20世纪70年代的石油危机，太阳能热电产业又被重新激起。近年来由于技术发展逐步成熟及各国政府支持，太阳能热电产业发展迅速。

美国、澳大利亚、德国等发达国家的光热技术相对领先。美国已经建立了完善发展规划，并成功建成多个示范项目，如美国内华达一号太阳能发电厂于2007年投产，每年可生产6400万kWh电量。2008年，世界上第一座可储式的太阳能热电站在西班牙投入商业运营，白天凹面镜吸收的太阳能给熔盐加热，晚上利用高温熔盐冷却释放热给水加热产生蒸汽，该系统可以提高太阳能热发电的效率及稳定性。其他一些国家也先后建立了一些太阳能热发电站。据CSPPLAZA研究中心统计，全球太阳能热发电装机容量稳步上升，截至2013年底，全球太阳能热发电市场已投运装机容量达到约3320MW，新增装机约606MW，包括商业化电站和实验示范项目在内的太阳能热发电项目数量总计达到120个左右。

我国对太阳能热发电技术研究起步较晚，从20世纪70年代中期开始，国内一些高等院校和中科院电工研究所等单位和机构，对太阳能热发电技术做了一些基础研究。目前国内已具备了商业生产条件，太阳能热发电产业链也逐步形成。其中以槽式真空管和玻璃反射镜更为突出，国内槽式真空管生产厂家已超过14家，反射镜厂家也超过7家，有些厂的产品已经通过国外专业检测机构检测，检测性能参数达到国际水平。据不完全统计，中国已经搭建太阳能高温集热系统共22个，其中2个采用汽轮机发电系统：中科院电工所八达岭1MW塔式电站和上海益科博公司三亚电站。1个采用160kW螺杆机发电系统，由兰州大成科技公司建设，位于兰州新区。另外，青海中控太阳能公司也已经完成一期塔式系统工程建设，其容量为10MW。由于近年来我国对太阳能热电技术给予政策扶持，使我国太阳能光热发电取得了一定的发展。

### 3.1.2 太阳能热发电的分类

由于太阳能热发电系统的复杂性，现有的系统形式多种多样，可以按不同方式进行分类[2,3]：按太阳能聚光集热方式的不同可分为槽式、碟式、塔式、太阳能热气流和太阳能热池等；按太阳能热功转换的热力循环方式不同，可以分为Rankine循环（汽轮机）、Brayton循环（燃气轮机）、Stirling循环（斯特林机）、Otto和Diesel循环（内燃机）及联合循环等；按太阳能热利用模式或各种能源转化利用模式的不同，可以分为单纯太阳能发电系统、太阳能与化石能源互补综合发电系统以及太阳能热化学整合的多能源互补的发电系统。

本书按照世界现有运行的基本太阳能热发电方式分类，将其分为槽式系统、塔式系统和碟式系统三大类型[4,5]。

1. 槽式太阳能热发电系统

槽式太阳能热发电是最早实现商业化的太阳能热发电形式。槽式太阳能热发电系统（Parabolic Trough Solar Power System）利用槽式抛物面反射镜聚光来会聚热量进行发电，该聚光镜面从几何上看是将抛物线平移而形成的槽式抛物面，它将入射的太阳光聚焦在一条线上，在这条焦线上安装有管状集热器，以吸收聚焦后的太阳辐射能。为了增加吸收的太阳能，常常将众多的槽式抛物面串并联成聚光集热器阵列。真空集热管里面的工质被加热后，产生高温，再通过换热设备加热水产生高温高压的蒸汽，驱动汽轮发电机组发电。

图3-1为一个槽式太阳能热发电系统示意图，系统主要由太阳能聚光集热场、热交换装置、辅助加热装置和汽轮发电机组构成。系统中集热介质回路和动力蒸汽网路分离开来，经过一系列换热器来交换热量。当太阳能供应不足时，利用一个辅助加热器将油回路中的导热油加热，从而实现系统的稳定连续运行。

2. 塔式太阳能热发电系统

塔式太阳能热发电系统（Solar Tower Thermal Power System）也称为集中式太阳能热发电系统，它在很大面积的场地上装有许多台大型太阳能反射镜（通常称作定日镜），将太阳光反射集中到中心吸热塔的吸热器上，在那里将聚焦的辐射能转变成热能，然后将热能转化为电能发出。

图 3-2 为塔式太阳能热发电系统示意图，系统由定日镜、吸热器、工质加热器、热量储存系统以及热机单元组体等组成。由平面镜、跟踪机构、支架等组成的定日镜阵列，可由微处理器控制实现最佳聚焦，始终对准太阳捕获并聚集太阳辐射能到接收塔塔顶端的吸热器上，再通过吸热器把热力循环的工质加热至较高温度；储能系统把部分热能储藏起来备用，以最大限度地平衡系统能量供需；而热机单元实现热转功的功能，把太阳能转换为电能输出。如果要求在阴雨天和夜间也常发电，可以增加合适的常规燃料作为辅助的能源子系统，以形成太阳能和化石燃料综合互补的多能源发电系统。不难看出，塔式太阳能热发电系统和槽式的系统相比，除聚光集热器有所不同外，两者在系统构成和工作原理等方面都基本相似。

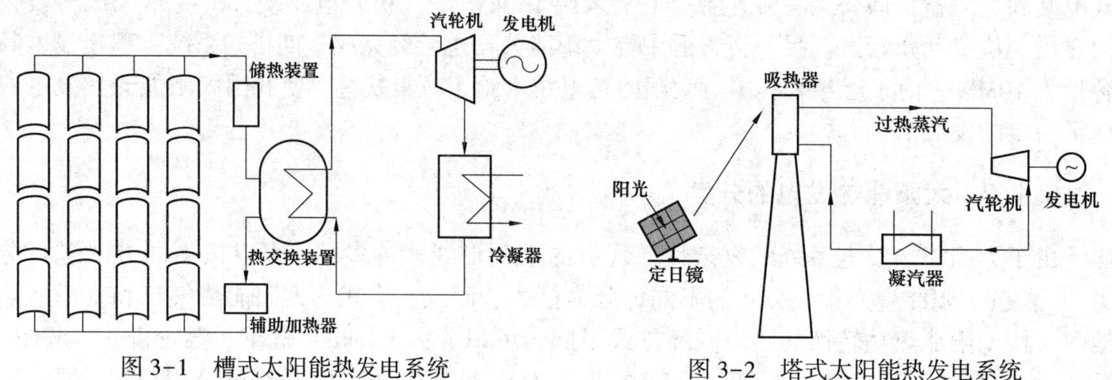


图 3-1 槽式太阳能热发电系统　　图 3-2 塔式太阳能热发电系统

3. 碟式太阳能热发电系统

碟式太阳能热发电系统（Dish Solar Thermal Power System）利用旋转抛物面反射镜，将入射的太阳辐射进行点聚集，聚光点的温度一般为 500～1000℃，吸热器吸收这部分辐射能并将其转换成热能，加热工质以驱动热机（如燃气轮机、斯特林发电机或其他类型透平等），从而将热能转换成电能。

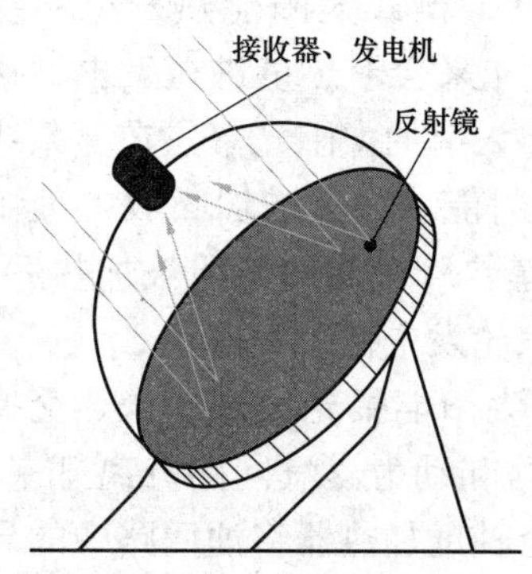


图 3-3 碟式太阳能热发电系统

图 3-3 为一个典型的碟式太阳能热发电系统示意图，它利用双轴跟踪的碟式聚光器将太阳能聚集到吸热器上，将来自回热器的高压空气加热到 850℃，然后进入燃气轮机做功，当太阳能供应不足时，利用燃料进入燃烧室补燃，该系统的太阳能净发电效率高达 30%。

目前，这类系统单元容量多为 30～50kW，相对较小，但太阳能发电最高效率在同类发电方式中为最高。它主要应用于分布式能源系统，组成分散的动力系统，也可以将多个系统组合，向电网供电。

上述三种类型太阳能热发电系统中，槽式和塔式系统已进入商业化阶段，碟式仍处在示范阶段，有实现商业化的前景。从理论上说，塔式热电站的太阳能利用率可以达到 23%，但单位容量投资过大且降低造价很难，商业化程度不及槽式太阳能发电；碟式系统光学效率高、启动损失小，目前峰值转换效率可达 30% 以上，在三类系统中位居首位；塔式系统还可以模块化，适合小容量分散发电，尤其是边远地区独立系统供电，符合分布式能量的利用特点。三种系统均可单独运行，也可与常规发电模式集成进行混合发电，以克服太阳能的间歇性和不稳定性，这样也可降低新技术投资的风险和初期投资成本，有利于太阳能热发电的大规模发展。

### 3.1.3　太阳能热发电站系统基本构成

太阳能热发电站利用太阳能集热器将太阳能收集起来，加热工质，产生热蒸汽，驱动热动力装置带动发电机发电，从而将太阳能转换成电能。典型的太阳能热发电系统一般由聚光集热子系统、蓄热子系统、辅助能源子系统和汽轮发电子系统四个部分构成。

（1）聚光集热子系统。聚光集热子系统主要包括聚光器、接收器和跟踪装置。

聚光器用于收集阳光并让它聚集到一个有限尺寸的面上，目的是提高单位面积上太阳辐射强度，从而提高被加热工质的工作温度。聚光器是太阳能热发电系统中的关键部件，入射阳光首先经过它反射到接收器，其性能的优劣，会明显影响太阳能热发电系统的总体性能。

接收器接收聚焦的阳光，将太阳辐射能转变为热能，并传递给工质。工质在这里被太阳辐射能加热，变成热蒸汽，再经管道送往汽轮机。聚光方式不同，接收器的结构也将会有很大的差别。其关键技术是接收阳光的表面必须涂覆吸收膜，使对太阳辐射的吸收率高，而在接收器表面温度下发射率较低，吸收率与发射率的比值越大，接收器可能达到的集热温度就越高。

要使一天中所有时刻的太阳辐射都能通过反射镜面反射到固定不动的接收器上，反射镜必须设置跟踪机构。太阳聚光器的跟踪方式有单轴和双轴两种。跟踪方式是单轴跟踪意味着反射镜面绕一根轴运动；双轴跟踪就是反射镜面绕两根轴转动。槽型抛物面反射镜多为单轴跟踪，碟式抛物面反射镜和塔式聚光的平面反射镜多为双轴跟踪。

（2）蓄热子系统。蓄热子系统是太阳能热发电系统中必不可缺少的组成部分。由于太阳能受季节、昼夜和气象条件的影响，为保证发电系统的热源稳定，需设置蓄热装置。太阳能热发电系统在早晚和白天云遮间隙的时间内，需要依靠存储的太阳能来维持正常运行。至于夜间和阴雨天，一般考虑采用常规能源作为辅助能源，否则由于蓄热容量需求太大，将明显加大整个太阳能热发电系统的初期投资。设置过大的蓄热系统，在目前技术条件下，经济上显然是不合理的。从这点出发，太阳能热发电站比较适合于作为电力系统的调峰电站。

（3）辅助能源子系统。太阳能热发电系统除了要配置蓄热子系统外，还需配置辅助能源子系统，就是在系统中增设常规燃料锅炉，用于阴雨天和夜间启动，由常规能源来维持电站的持续运行。太阳能热发电系统要求的蓄热子系统容量太大，投资就巨大，所以采用常规材料作为辅助能源也是个可取的方案。

（4）汽轮发电子系统。太阳能热发电系统中动力发电装置一般有汽轮机、燃气轮机、斯特林发电机等。动力发电装置由太阳集热系统可能提供的工质参数而定。汽轮机和燃气轮机的工作参数很高，一般适合用于大型塔式或槽式太阳能热发电系统。斯特林发电机的单机容量小，一般在几十千瓦以下，适合用于碟式抛物面反射镜发电系统。

## 3.2　太阳能光伏发电技术

太阳能光伏发电基于光伏效应原理，是利用太阳能电池将太阳光能直接转换为电能的发电方式。光伏发电系统包括太阳能电池、控制器和逆变器几个部分，主要由电子元器件构成，不涉及机械部件，因此光伏发电设备极为精练、可靠、稳定、寿命长，安装维护简便。从理论上说，光伏发电技术可以用于任何需要电源的场合，上至航天器，下至家用电源；大到兆瓦级电站，小到电子玩具，光伏电源无不适用。

光伏发电利用太阳能电池俘获直接辐射、散射辐射、反射辐射等并将能量转换成电能。与常规火力发电系统相比较，太阳能光伏发电的主要优点在于：①光伏发电直接将光能转化为电能，能量转换过程简单，环保安全无公害；②太阳能电池组件结构简单，体积小、质量轻，便于运输、易于安装；③光伏发电系统没有机械传动部件，运行可靠，易操作易维护；④光伏发电系统可以就近供电，适宜于偏远无电地区，无须长距离输送，减少了电网建设费用及输电损失；⑤光伏电池组件工作性能稳定可靠，设计合理、选型适当的光伏发电系统不易损坏，使用寿命长；⑥光伏发电系统降价速度快，能量偿还时间会随着技术进步会不断下降。

当然，太阳能光伏发电也存在一些缺点，比如由于太阳能能量分散、密度低，要保证一定的功率输出，光伏系统占地面积比较大；光伏发电功率输出受光照随机变化影响，出力的间歇性大等。

### 3.2.1 太阳能光伏发电技术的发展

1839 年，19 岁的法国科学家 Becqurel 做物理实验时，发现在导电液中的两种金属电极用光照射时，电流会加强，从而发现了发现“光伏效应”。1954 年，美国科学家恰宾和皮尔松在美国贝尔实验室首次制成了光电转换效率为 4.5%的单晶硅太阳电池，诞生了将太阳光能转换为电能的实用光伏发电技术。此后太阳能光伏产业技术水平不断提高，生产规模持续扩大。在 1990~2006 年这十几年里，全球太阳能电池产量增长了 50 多倍。随着全球能源形势趋紧，太阳能光伏发电作为一种可持续的能源替代方式，于近年得到迅速发展，并首先在太阳能资源丰富的国家，如德国和日本，得到了大面积的推广和应用。据相关报道指出，2015 年全球光伏市场强劲增长，新增装机容量超过 50GW。传统市场如日本、美国、欧洲依然保持强劲发展势头；新兴市场也不断涌现，光伏应用在东南亚、拉丁美洲诸国的发展迅猛，印度、泰国、智利、墨西哥等国装机规模更是快速提升。

在国际市场和国内政策的拉动下，中国作为后起之秀光伏产业逐渐兴起，涌现了无锡尚德、常州天合和天威英利等一大批优秀的光伏企业，带动了上下游企业的发展，中国光伏发电产业也迅速发展起来。2012 年，为保障光伏产业健康发展，我国加大了对光伏应用的支持力度，先后启动两批“金太阳”示范工程，启动分布式光伏发电规模化应用示范区等举措，再加上光伏系统投资成本不断下降，我国光伏应用市场一片繁荣。中国光伏发电装机分布在 30 个省、直辖市、自治区，累计装机容量排在前五位的省级地区依次为青海、甘肃、新疆、宁夏、内蒙古，而这些项目也主要集中在国家五大发电集团等企业。

据欧洲光伏工业协会 EPIA 预测，太阳能光伏发电在 21 世纪会占据世界能源消费的重要席位，不但要替代部分常规能源，而且将成为世界能源供应的主体。预计到 2030 年，可再生能源在总能源结构中将占到 30%以上，而太阳能光伏发电在世界总电力供应中的占比也将达到 10%以上；到 2040 年，可再生能源将占总能耗的 50%以上，太阳能光伏发电将占总电力的 20%以上；到 21 世纪末，可再生能源在能源结构中将占到 80%以上，太阳能发电将占到 60%以上。这些数字足以显示出太阳能光伏产业的发展前景及其在能源领域重要的战略地位。

### 3.2.2　太阳能光伏发电系统的分类

根据是否与电网相连，光伏发电系统可分为独立光伏发电系统和并网光伏发电系统。图 3-4 所示就是一个典型的独立光伏发电系统，系统中光伏电池发出的直流电可以直接供直流负载使用，也可以通过逆变器给交流负载供电。为了向负荷持续供电，系统经常配置一定储能装置——目前多为蓄电池——以方便将多余的电量进行存储。在夜间和阴雨天等太阳照射较弱时，储能设备便可以向负载提供所需要的电能。独立光伏发电系统通常建设在远离电网的偏远地区或作为移动式便携电源给用户供电，以中小系统为主，包括村庄供电系统、太阳能用户电源系统、通信信号电源、太阳能路灯电源等。

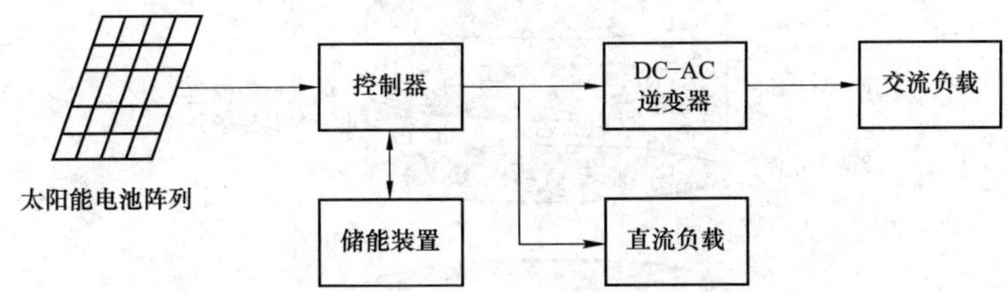


图 3-4　独立太阳能光伏发电系统基本结构

并网型光伏发电系统直接与交流电网相连，其配置如图 3-5 所示。系统中光伏电池发出的电能不仅供负载使用，还可以通过逆变器向电网输送；或者利用公共电网和太阳能光伏电池同时给系统中的负载供电，降低负载缺电率，保证可靠供电。而对大电网来说，连接的并网型光伏发电系统起到了一定的调峰作用。但由于并网光伏发电系统属于分布式发电系统，会给传统的属于集中式发电系统的公共电网带来一些诸如孤岛效应、谐波污染等不利影响。作为光伏发电的最具有市场应用价值的形式，大力发展并网型光伏发电系统已成为当今世界光伏发电的发展趋势。

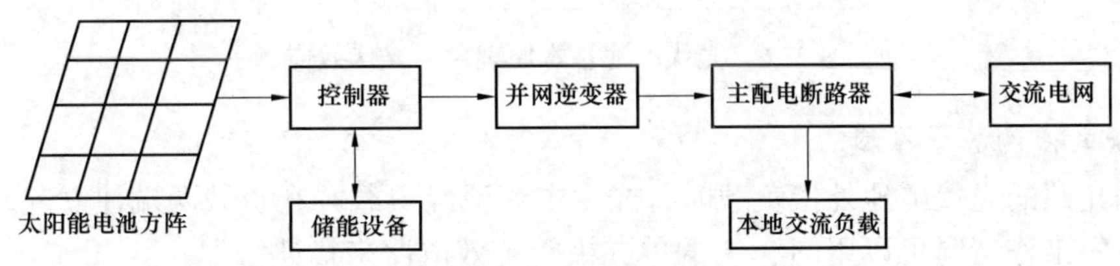


图 3-5　并网型光伏发电系统配置图

### 3.2.3　太阳能光伏电池的原理

太阳能是一种辐射能，必须借助于能量转换器才能转换成为电能，这种把光能转换成电能的能量转换器就是光伏电池。太阳能光伏电池利用半导体 P-N 结的光伏效应将太阳辐射能直接转换为电能。

1. 光伏效应[6]

所谓光伏效应（Photovoltaic Effect），是指半导体材料在受到光照射时，由于半导体内电荷分布状态发生变化，从而产生电动势和电流的现象。光伏电池是由两种不同的半导体材料构成的大面积 PN 结，其内部非平衡少数载流子在 PN 结内建电场的作用下，形成漂移电流。当用适当的波长的光照射到 PN 结时，半导体吸收光能，使其原子产生电子-空穴对，并在势垒区内建电场的作用下，发生漂移运动而分离，电子被送入 N 型区，空穴被送入 P 型区，从而使 N 型区内有过剩电子，P 型区有过剩的空穴。这样，就在 PN 结的附近形成了与势垒电场方向相反的光生电场。光生电场的一部分与内建电场相抵消，其余的使 P 型区带正电，N 型区带负电，这种现象被称为光生伏特效应。P 型区和 N 型区产生的光生载流子在内建电场的作用下，反向穿过势垒，形成光电流，该电流流过外部电路就会产生一定的输出功率。光伏效应如图 3-6 所示。

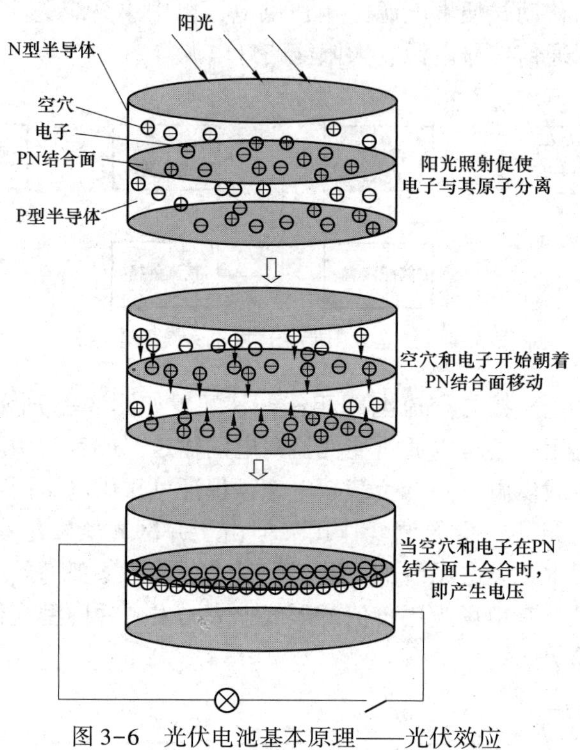


图 3-6 光伏电池基本原理——光伏效应

2. 光伏电池的数学模型

当受到光照的光伏电池外接负载时，光生电流流经负载并在负载两端建立起端电压，此时光伏电池的工作情况可以用图 3-7 的单二极管等效电路来描述[7~10]。

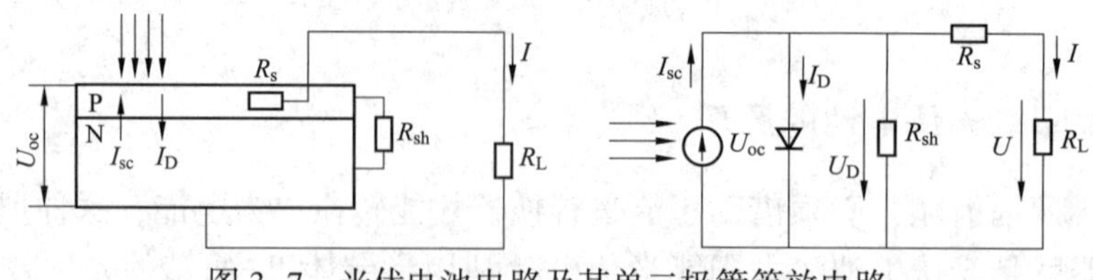


图 3-7 光伏电池电路及其单二极管等效电路

图中，将光伏电池看成一个能稳定产生光电流的电流源，$R_L$ 为外接负载，$U$ 是负载端电压，$I$ 为负载电流。等效电路中，$I_{sc}$ 为光生电流，是光子在光伏电池中激发的电流。二极管电流 $I_D$ 为暗电流，即无光照时在外电压作用下通过 PN 结的单向电流，反映了 PN 结自身的总扩散电流，其方向与 $I_{sc}$ 相反，其值的大小与光伏电池电动势 $E$ 也即光伏电池内部等效二极管的端电压 $U_D$ 和环境温度 $T$ 有关，即

$$I_D = I_{D0}\left(e^{\frac{qU_D}{AkT}} - 1\right) \tag{3-1}$$

式中：$I_{D0}$ 为等效二极管 PN 结反向饱和电流，反映了光伏电池对光生载流子最大的复合能力，其值取决于电池材料的性能，一般为常数；$q$ 是电子电荷量，$1.6\times10^{-19}$C；$K$ 为玻耳兹曼常量，$K=1.38\times10^{-23}$J/K；$A$ 为 PN 结曲线常数（取值范围为 1~5）。等效电路图中，$R_{sh}$ 为旁路电阻，它是由于硅片边缘不清洁或体内缺陷引起的。$R_S$ 为串联电阻，包括电池的体电阻、表面电阻、电极导体电阻和电池与硅表面接触电阻等。显然，二极管的正向电流 $I_D$ 和旁路电流 $I_{sh}$ 靠 $I_{sc}$ 提供，剩余的光电流经过 $R_S$，流出光伏电池而进入负载，所以负载电流 $I$ 可以表达为

$$I = I_{sc} - I_D - \frac{U_D}{R_{sh}} = I_{sc} - I_{D0}\left(e^{\frac{qU_D}{AkT}} - 1\right) - \frac{U_D}{R_{sh}} = I_{sc} - I_{D0}\left(e^{\frac{q(U+IR_S)}{AkT}} - 1\right) - \frac{U_D}{R_{sh}} \tag{3-2}$$

$R_S$ 和 $R_{sh}$ 是光伏电池本身的固有电阻，相当于内阻，串联电阻 $R_S$ 值一般较小，旁路电阻 $R_{sh}$ 很大，理想状态下计算时电阻均可忽略不计，则对于理想光伏电池有

$$I = I_{sc} - I_{D0}\left(e^{\frac{qU}{AkT}} - 1\right) \tag{3-3}$$

即

$$U = \frac{AkT}{q}\ln\left(\frac{I_{sc} - I}{I_{D0}} + 1\right) \tag{3-4}$$

短路试验中，将光伏电池置于标准光源照射下，通过内阻小于 1Ω 的电流表短接在光伏电池的两端来测量短路电流。由式（3-3），因为 $R_L=0$，短路电流 $I=I_{sc}$。短路电流 $I_{sc}$ 的大小与光伏电池的面积大小有关，面积越大，短路电流越大。一般说来，1cm² 的硅光伏电池在标测试条件下的 $I_{sc}$ 为 16~30mA 。同一块光伏电池，其 $I_{sc}$ 与入射光谱辐射照度成正比。当环境温度升高时，$I_{sc}$ 的值稍有上升，一般温度每升高 1℃，短路电流 $I_{sc}$ 约上升 78μA。

开路试验时，同样将光伏电池置于标准光源的照射下，在输出开路时用高内阻的直流毫伏计测量光伏电池的输出电压。由式（3-4），因为 $R_L\to\infty$ 光伏电池的开路电压为

$$U_{oc} = \frac{AkT}{q}\ln\left(\frac{I_{sc}}{I_{D0}} + 1\right) \tag{3-5}$$

光伏电池的开路电压 $U_{oc}$ 与光谱辐照度有关，与电池面积无关。在 100MW/cm² 太阳光谱辐射照度下，单晶硅光伏电池的开路电压为 450~600mV，最高可达 690mV。当入射光谱辐照度变化时，光伏电池的开路电压与入射光谱辐照度的对数成正比。环境温度升高时，光伏电池的开路电压将下降，一般温度每升高 1℃，开路电压下降 2~3mV。

短路电流 $I_{sc}$ 和开路电压 $U_{oc}$ 是描述光伏电池特性的两个重要参数。

3. 光伏电池的主要特性和最大功率跟踪

式（3-3）和式（3-4）描述了光伏电池所输出的电压-电流的特性关系，称作光伏电池的伏安特性或者外特性，据此绘制出的光伏电池外特性 $I-U$ 曲线和 $P-U$ 曲线如图 3-8 所示。

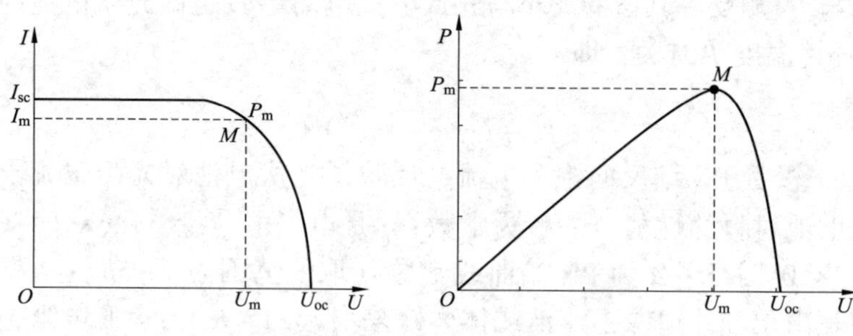


图 3-8 光伏电池外特性 I-U 曲线和 P-U 曲线

曲线上的点是光伏电池的工作点，I-U 曲线中工作点与原点的连线为负载线，其斜率的倒数即为负载电阻 $R_L$。调节负载电阻 $R_L$ 的大小，当工作点位于 M 时，光伏电池的输出功率最大。

$$P_m = U_m I_m = f U_{oc} I_{sc} \tag{3-6}$$

$$f = \frac{P_m}{I_{sc} U_{oc}} = \frac{U_m I_m}{I_{sc} U_{oc}} \tag{3-7}$$

M 称作为光伏电池最大功率输出点（Maximum Power Point，MPP），$U_{oc}$、$I_{sc}$、$I_m$、$U_m$ 和 $P_m$ 分别为光伏电池的开路电压、短路电流、最大功率输出时的电流、最大功率输出时的电压和最大输出功率。为提高能源利用率，一般实际运行的光伏系统尽量通过负载匹配，使光伏电池能始终工作于最大功率点 M 附近。f 是最大输出功率 $P_m$ 与 $I_{sc}U_{oc}$ 的比值，称作填充因子，这是衡量光伏电池输出特性的重要指标之一。一定光强下，填充因子 f 越大，表明光伏电池的输出特性 I-U 曲线越趋于矩形，光伏电池的效率越高。

太阳能电池的光电转换效率 $\eta$ 是评价其技术水平和质量的决定性指标，IEC 标准条件下，太阳能电池额定输出功率即其最大输出功率，因而此时的光电转换效率为

$$\eta = \frac{P_m}{P_0 A_a} = \frac{I_m U_m}{P_0 A_a} = \frac{f I_{sc} U_{oc}}{P_0 A_a} \tag{3-8}$$

式中：$P_0$ 为单位面积上接收太阳辐射能；$A_a$ 为太阳能电池面积。光电转换效率取决于电池的结构、结特性、材料性质、工作温度和环境变化等。

除了伏安特性，光伏电池的主要特性还包括光谱特性、温度特性和光照特性等。

（1）光谱特性。光伏电池并非能把任何一种波长的光都同样的转化为电能，由于光的波长不同，光能转化为电能的比例不同。光谱特性反映了不同波长的光子产生电子-空穴对的能力[11]。

光谱特性一般用收集效率来表示，即用百分数来表示一个单位的光（一个光子）入射到光伏电池上产生多少电子（或空穴）。一般一个光子产生的电子（或空穴）数量小于 1。

光谱特性的测量是用一定强度的单色光照射在光伏电池上，测量此时的光伏电池的短路电流 $I_{sc}$，然后依次改变单色光的波长，再重复测量光伏电池的短路电流 $I_{sc}$，得到在各个波长下的短路电流 $I_{sc}$，即反映了电池的光谱特性。

（2）温度特性。光伏电池的温度特性是指光伏电池的工作环境温度和光伏电池吸收光子后使自身温度升高对光伏电池性能产生的影响。环境温度改变时，光伏电池的外特性变化情

况如图 3-9 所示，光伏电池的短路电流 $I_{sc}$ 与温度之间的关联性并不大，短路电流随着温度上升略有增加，这是由于半导体禁带宽度通常随温度的上升而减小，使得光吸收随之增加的缘故。光伏电池的开路电压 $U_{oc}$ 受温度影响比较大，会随着温度上升而减小，导致最大功率随着温度升高而减小。

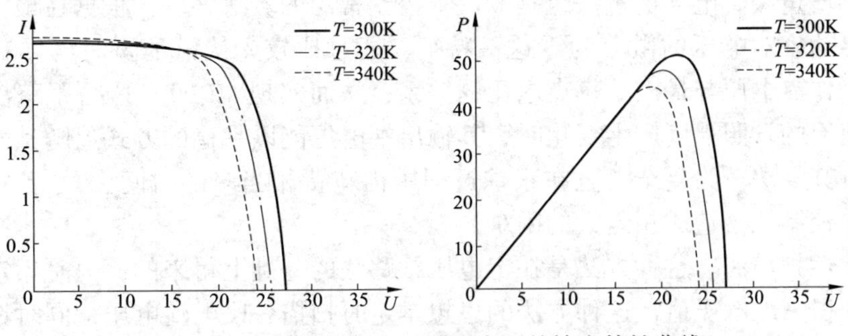


图 3-9　太阳能电池在不同温度下的输出特性曲线

(3) 光照特性。光伏电池的光照特性是指硅型光伏电池的电气特性与光照强度之间的关系。太阳光辐照强度变化时，光伏电池输出的电压和电流也随之产生变化。在不同的光照条件下，可得到一簇不同的伏安特性曲线，如图 3-10 所示。由图可见，开路电压 $U_{oc}$ 随光照强度变化不明显；但短路电流受光照强度影响较大，光照强度越弱，短路电流越小。光伏电池输出功率并不恒定，当光照强度变化时最大功率 $P_m$ 也随之变化明显。

一般说来，厂家给出的光伏特性曲线都是在 IEC 标准条件下得到的，即辐照度为 1000W/m$^2$；电池工作温度为 25℃，即 298K。

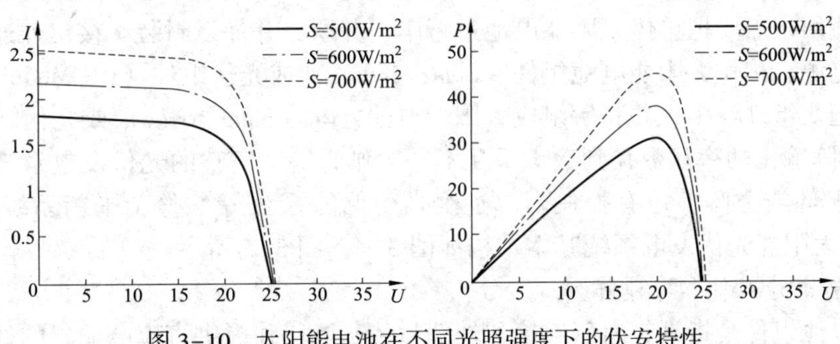


图 3-10　太阳能电池在不同光照强度下的伏安特性

光伏电池的输出特性受环境温度和光照强度影响较大，为了使光伏电池始终能够工作于最大功率点附近，输出最大功率，就需要根据温度和光强，采取一定的控制手段进行所谓最大功率点跟踪（Maximum Power Point Tracking，MPPT）。MPPT 控制策略的实质就是实时检测光伏的输出功率，通过一定的控制算法预测当前工况下可能的最大功率输出，从而改变当前的系统阻抗情况来满足最大功率输出的要求[12]。

目前常用的最大功率跟踪控制方法有定电压跟踪法、电导增量法和间歇性扫描法等。

(1) 定电压跟踪法。观察光伏电池不同光照强度下的输出特性曲线可知，当光照强度大于一定值且温度变化较小时，光伏电池输出 $P-U$ 曲线上最大功率点的电压值几乎恒定[7]。定电压跟踪法利用这一特点，从光伏电池生产厂商处获得最大功率点输出电压的数据，并将输出电压钳位于最大输出电压值，在外界环境条件变换不大时，近认为光伏电池始终工作于最大功率点处。此方法控制简单，容易实现，可靠性也比较高，但是控制精度较差（尤其是对于早晚和四季温差变化剧烈的地区）。此外，这种方法忽略了温度对光伏电池开路电压的影响，缺乏准确性。

（2）电导增量法。电导增量法也是MPPT控制常用的算法之一，根据在最大功率点时光伏电池的输出功率对电压的微分为零这一特征，通过比较光伏电池瞬时电导和电导的变化量，来判断工作点电压与最大功率点电压的关系，从而实现MPPT。这一跟踪法的最大优点是当太阳电池上的日照强度产生变化时，其输出端电压能以平稳的方式追随其变化，其电压波动小，不过其算法较为复杂，且在跟踪过程中需花费相当多的时间去执行A/D转换，这对微处理器在控制上会造成相当大的困难。

（3）间歇性扫描法。这种方法是在定电压跟踪法的基础上得来的，只是用定时的扫描代替了从厂商处得来的电压值。这种方法的思想是定时扫描一段电池电压，同时记录下不同电压下对应的电流值，经过比较不同点的太阳电池阵列的输出功率就可以方便地得出最大功率点，而不需要一直处于搜寻状态。

光伏电池最大功率跟踪控制方法还有扰动观测法、模糊逻辑控制算法等[13]，目前这一课题仍然在研究，这里不再多做介绍。

### 3.2.4 太阳能光伏发电系统设备构成

太阳能光伏发电系统通过太阳能电池吸收阳光，将太阳的光能直接变成电能输出，太阳能电池单元是光电转换的最小单位，是太阳能发电电能转换的核心。

但是单个太阳能电池往往输出电压太低，输出电流不合适，不能满足负载的功率需要。因此在实际使用中需要把单体太阳能电池进行串、并联，并加以封装，接出外连电线，成为独立的光伏电源，称作太阳能电池组件（Solar Module）或光伏组件（PV Module）。

若干块光伏组件经串、并联后组成太阳能电池方阵（Solar Array）或光伏阵列（PV Array）。光伏方阵输出功率从数瓦到数十千瓦不等。作为一个完整的光伏发电系统，除了具有太阳能电池组件或方阵，还有控制器、逆变器、储能系统等一整套平衡系统（即配套系统），典型的太阳能光伏发电系统基本结构如图3-4、图3-5所示。

1. 太阳能电池组件和电池阵列

太阳能电池组件是指具有内部连接和外部封装、能单独提供直流电输出的最小不可分割的太阳能电池组合装置。太阳能电池阵列是指由两个或两个以上的太阳能电池组件在机械和电气上按一定方式组装在一起，并且有固定支撑结构而构成的直流发电单元。简单地说，多个光伏太阳能电池互连封装后成为组件，多个太阳能电池组件拼装后成为电池阵列。

（1）太阳能电池和太阳能电池组件。太阳能电池根据所用材料的不同可以分为硅太阳能电池、多元化合物薄膜太阳能电池、聚合物多层修饰电极型太阳能电池、纳米晶太阳能电池等，其中硅太阳能电池发展最为成熟，在当今世界实用应用化中占主导地位。硅太阳能电池主要有单晶硅太阳能电池、多晶硅太阳能电池和非晶硅薄膜太阳能电池。

单晶硅太阳能电池以高纯的单晶硅棒为原料，是最早被用于实用的光伏发电技术中的太阳能电池，其转化效率最高，技术发展最成熟，曾长期占领最大的市场份额。但单晶硅太阳能电池的生产需要消耗大量的高纯硅材料，而制造这些材料工艺复杂、电耗大、成本高，导致其市场占有率在 1998 年后退居多晶硅之后[14]。单晶硅太阳能电池化学、电学、力学性能均匀一致、转换效率最高、寿命长，随着高效技术的应用，硅片成本降低，单晶供应链和制造技术的升级，单晶硅将重回光伏产业主导地位。

多晶硅太阳能电池兼具单晶硅电池的高转换效率、长寿命以及非晶硅薄膜电池的材料制备工艺相对简化的优点。与单晶硅相比较，多晶硅薄膜太阳能电池成本低廉；而转换效率又高于非晶硅薄膜电池且性能稳定，具有独特的竞争优势。目前在太阳能电池大规模应用和工业生产中占据一定的主导地位。

非晶硅薄膜太阳能电池成本低、质量轻，便于大规模生产，有较大的发展潜力。但受制于其材料引发的光电效率衰退效应，稳定性不高，且转换效率不高，直接影响了其实际应用。如果能进一步解决稳定性问题及提高转换率问题，非晶硅太阳能电池也是太阳能电池的主要发展产品之一。

由于大面积的晶体硅易破碎，而单体电池的输出电压较低，所以必须将若干单体电池进行串并联，以获得必要的输出电压、电流，然后根据实际需要进行封装。一般通过真空层压工艺使 EVA 胶膜将电池片、正面盖板和背板粘合为一个整体。太阳能电池组件结构剖面图如图 3-11 所示。太阳能电池组件是可以独立作为电源使用的最小太阳能电池单元，功率一般为几瓦、几十瓦到数百瓦。

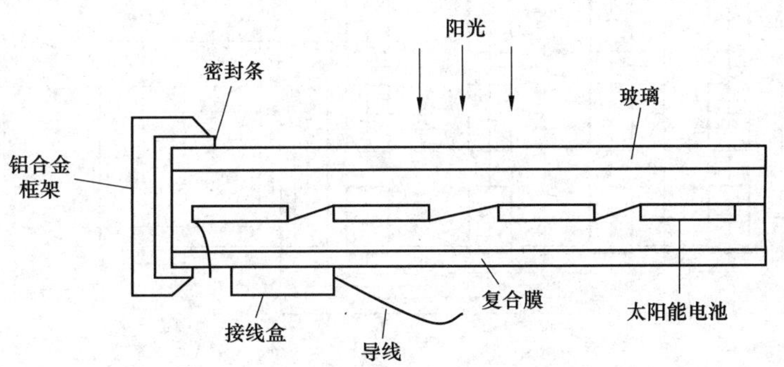


图 3-11　太阳能电池组件结构剖面

（2）太阳能电池阵列。太阳能电池阵列由太阳能电池组件、防反冲二极管、旁路二极管、电缆、带避雷器的直流接线箱和固定支架等组成。太阳能是一种低密度的平面能源，需要用大面积的太阳能电池来采集，而太阳能电池组件的输出电压不高，需要用一定数量的太阳能电池组件经过串联、并联或串并联混合组成，如图 3-12 所示。而对于太阳能光伏发电站而言，有时甚至需要数十个至数千个方阵才能满足大功率发电站的功率要求。

防反充二极管又称为隔离二极管、防逆流二极管或阻塞二极管，串联在太阳能电池阵列与逆变器或储能蓄电池之间，利用其单向导电作用防止太阳能电池组件由于故障或阴影遮蔽不发电，工作电压低于其供电的直流母线电压时，蓄电池反过来向组件倒送电流，使太阳能电池组件发热甚至损坏。而且太阳能电池阵列串并联连接的各支路输出电压不可能绝对相等，或某一支路故障、阴影遮蔽等使该支路的输出电压降低时，高电压支路的电流就会流向低电压支路，甚至会导致阵列总体输出电压降低。在支路中串联接入防反充二极管就避免了这一现象的发生。由于防反冲二极管存在正向导通压降，串联在电路中会产生一定的功率消耗，一般使用的硅整流二极管管压降为 0.7V 左右，大功率管可达 1~2V。肖特基二极管虽

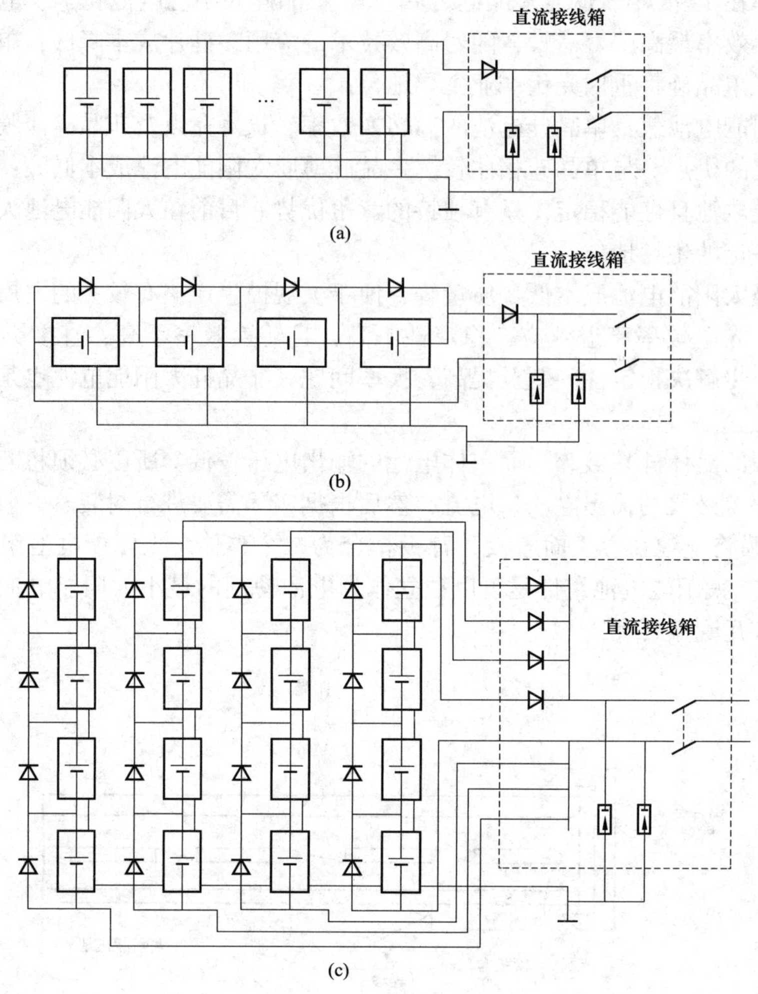


图 3-12　太阳能电池方阵

(a) 并联方阵；(b) 串联方阵；(c) 串并联混合方阵

然管压降较低，为 0.2~0.3V，但其耐压和功率都较小，适合小功率场合应用[15]。

当太阳能电池组件串联组成电池方阵或电池方阵的一个支路时，需要在每块电池板的正负极输出端反向并联旁路二极管。旁路二极管的作用是当太阳能阵列中的某个组件或组件中的某一部分被阴影遮挡或出现故障停止发电时，在该组件旁路二极管两端会形成正向偏压使二极管导通，组件串的工作电流绕过故障组件，经二极管流过，不影响其他正常组件的发电，同时也保护被旁路的组件避免受到较高的正向偏压或由于“热斑效应”发热而损坏。

2. 光伏逆变器

独立光伏发电系统中如果有交流用电负载，需要使用 DC-AC 离网逆变器，将太阳能电池阵列产生的直流电或储能设备释放的直流电转换为负载需要的交流电，实现对系统中交流负载的供电。离网逆变器的应用时间比较长，技术发展已经较为成熟。

并网光伏发电系统中，必须由并网逆变器将太阳能电池所产生的直流电能逆变成正弦交流电，将其并入公共电网。同时对逆变后的交流电的电流、电压、频率、相位、有功功率、无功功率、电压波动以及高次谐波等实施控制，以实现向电网提供稳定、高品质的正弦交流电，并保证光伏发电系统的安全可靠并网。并网逆变器的性能直接影响着系统输出的电能质量，是影响光伏系统经济可靠运行的关键因素。

3. 太阳能光伏控制器

控制器是光伏发电系统的核心部件之一，也是平衡系统的主要组成部分。光伏控制器对光伏发电系统进行管理和控制，协调太阳能电池、储能系统和负载的工作，控制多路太阳能电池方阵对储能蓄电池充电或蓄电池对负载供电，并提供一定的保护功能。光伏控制器采用高速微处理器和高精度 A/D 模数转换器，是一个微机数据采集和监测控制系统。

光伏控制器一般需要实现的功能包括[10,14]：①科学有效控制储能蓄电池充放电过程，防止蓄电池过充电和过放电，延长储能系统的寿命。②防止太阳能电池方阵、蓄电池极性反接。③防止负荷、控制器、逆变器和其他设备内部短路。④光伏系统工作状态显示。⑤光伏系统信息（系统发电量、失电量、失电记录、故障记录等）储存。⑥最优化的系统能量管理，如光伏方阵最佳工作点跟踪 MPPT，温度补偿、择优补偿等。⑦实现系统的故障报警。⑧光伏系统遥测、遥信、遥控功能等。

太阳能光伏发电系统的控制器是确保光伏系统安全、可靠、高效运行的基础，使系统获得最高的效率并延长系统的使用寿命，不同规模不同类型的光伏发电系统，其控制器也各不相同。当前，控制器向多功能发展，已逐步实现将传统的控制部件、逆变器和监测系统集成为一体的采集控制系统。

## 3.3　独立光伏发电系统

独立光伏发电系统也称作离网型光伏发电系统，是指仅依靠或主要依靠太阳能电池供电的光伏发电系统，在必要时可以由油机发电、风力发电或其他电源作为补充。

独立光伏发电系统由太阳能电池方阵、控制器、逆变器、储能组件、防反冲二极管、输配电设备等部分构成。由于光伏发电出力具有间歇性的特点，为了保证对负荷的持续可靠供电，独立光伏发电系统中一般储能组件是必不可少的。根据用电负载的特点，独立光伏发电系统可分为直流光伏系统、交流光伏系统、交直流混合系统等[16]，其结构框图如图 3-13 所示。

直流光伏发电系统仅能为直流负载供电，一般可用作偏远农村地区的集中供电系统，通信、遥测、监测设备的电源，航标灯塔、路灯电源等。如我国在西部一些无电地区建设的部分乡村光伏电站就是采用的这种形式；移动通信公司在偏僻无电网地区建设的通信基站也经常采用这种方式供电。

交流和混合形式的独立光伏发电系统，能够为交流负载提供电力供应，在系统结构上比直流光伏系统多了离网逆变器，用于将直流电转换为交流形式以满足交流负载的需求。通常这种系统的负载耗电量也比较大，从而系统的规模也较大，常用在一些有交流负载或同时有交流和直流负载的通信基站和其他一些含有交、直流负载的应用场合。

图 3-13 所示的独立光伏发电系统中，太阳能电池方阵吸收太阳能将其转化为电能后，在隔离二极管的保护下为蓄电池充电。直流或交流负载通过开关与控制器连接，控制器负责

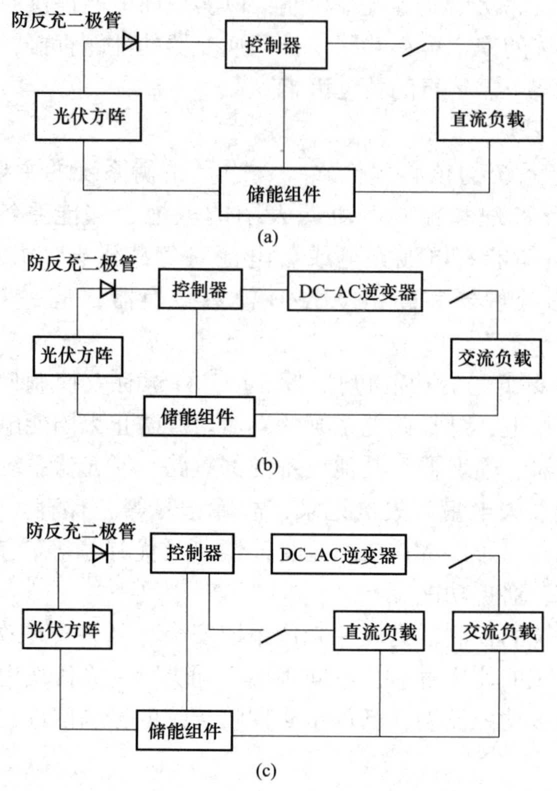


图 3-13 独立光伏发电系统的结构组成
（a）直流光伏发电系统；（b）交流光伏发电系统；（c）混合光伏发电系统

保护蓄电池，防止出现过充电或过放电状态，即在蓄电池达到一定放电深度时，控制器将自动切断负荷；当蓄电池达到过充电状态时，控制器将自动切断充电电路[8]。如前所述，有的控制器还具有能显示独立光伏发电系统的充放电状态，并储存必要的数据，甚至具有遥测、遥信、遥控的功能。在交流光伏系统中，离网型直-交流逆变器将蓄电池组提供的直流电变成能满足交流负荷需要的交流电。防反充二极管利用二极管的单向导电性，防止蓄电池组反向通过太阳能电池方阵放电。防反充二极管的最大输出电流必须大于太阳能电池方阵的最大输出电流，反向耐压要高于蓄电池组的最高电压。在太阳能电池方阵工作时，防反充二极管两端的电压降要尽量低，以便降低系统的功耗。

## 3.4 并网光伏发电系统

随着新能源发电技术发展的迫切需要，与公共电网并网运行的太阳能光伏并网发电系统已经成为世界光伏发电系统的主流应用方式。太阳能光伏发电的并网运行，即太阳能光伏发电系统通过并网逆变器与大电网连接，利用公共电网将光伏发电系统所发的电能进行二次分配，再供给当地负载或进行电力调峰等。

### 3.4.1　并网光伏发电系统的供电方式

并网型光伏发电系统向负荷和电网进行供电的方式可以不同的研究角度加以分类。

根据光伏发电系统接入大电网的方式，并网光伏系统可分为分布式光伏并网发电和集中式并网光伏系统/电站[8、10]。

分布式光伏发电系统建设在用户附近，光伏发电设施发出的电能直接被分配给用电负荷，多余或不足的电力通过连接的电网来调节。分布式光伏并网发电遵循就近发电、就近并网、就近转换、就近使用的原则，不仅有效解决了电力在升压及长途运输中的电能损耗问题，还减少了用户对电网供电的依赖，系统运行方式更为灵活。分布式光伏系统一般容量不大，十几到数千千瓦，电压等级也不高，一般接入10kV及以下配电网。目前应用较为广泛的分布式光伏发电系统是建设在城市建筑物屋顶的光伏发电项目，太阳能电池组件安装在建筑物顶部并连入电网，与公共电网一起为附近用户供电，有效地减少了光伏设施占地面积。分布式光伏并网面临的主要问题是光伏发电系统的接入向电网输送电能，引起配电网潮流产生变化，电网电压和无功的调节困难等，给系统的继电保护、自动控制带来一定的技术难题，增加了系统控制的复杂程度。

集中式并网光伏发电系统就是利用相对丰富稳定的太阳能资源构建的大型太阳能电站，电站所发电能被直接输送到大电网，由大电网统一调配向用户供电，系统与大电网之间的电力交换是单向的。光伏电站一般容量较大，都在数十兆瓦级以上；电压等级也较高，可直接连入中压或高压输电网。集中式光伏发电系统规模大，发电效率高，输出稳定，对电网的削峰作用明显；集中控制更可以较为方便地实现频率调节和无功与电压控制，是光伏发电并网的发展方向之一。但大容量的集中式光伏接入对电网在电能消纳、低压穿越、电能质量、稳定控制等方面都将产生更为深远的影响，需要系统提供更为安全、可靠、成熟的控制技术。

根据是否会向大电网供电，并网光伏系统还可分为有逆流并网光伏发电系统、无逆流并网光伏发电系统和切换型并网光伏发电系统[8]。有逆流并网光伏发电系统在光伏系统产生剩余电力时，将这些剩余电能送入电网；当光伏系统电力不够时，则由电网供电。由于可向同一电网提供方向相反的电能，所以称为有逆流系统。无逆流光伏系统的功率始终小于或等于负载，电力不够时由电网供电，也就是说光伏系统与电网并联共同向负荷供电。

依据系统中是否包括储能组件，并网光伏发电系统又分为不含储能单元的不可调度式光伏系统和包含储能元件的可调度式光伏并网系统[17]，如图3-14、图3-15所示。

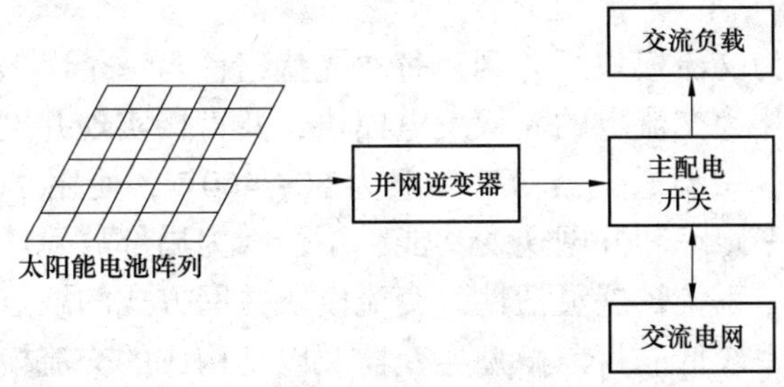


图3-14　不可调度式并网光伏发电系统

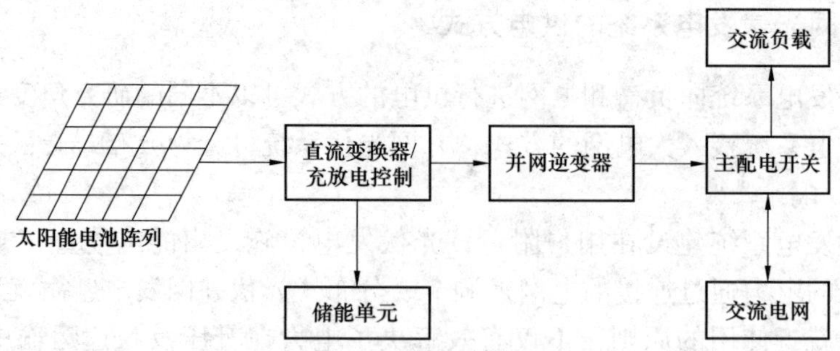


图 3-15 可调度式并网光伏发电系统

不可调度并网光伏发电系统没有储能单元，系统设备成本和相关的运行维护费用有所降低。而可调度并网光伏发电系统中储能装置的存在，既可以为光伏系统存储多余电能，又可以在电网因停电或故障而无法对负荷供电时用作备用电源。储能装置容量越大，系统调度就越自由，但显然系统结构和控制也更为复杂。

### 3.4.2 光伏发电系统并网方式

太阳能电池组件拼装连接，构成光伏阵列，再通过电力电子变换电路与公共电网实现并网连接，常见的具体并网方式有集中式、组串式、多支路式、交流模块式和直流模块式等几种类型，如图 3-16 所示。

1. 集中式并网

所谓集中式并网，即将所有光伏组件串、并联，产生足够高的电压、电流，再由一个统一的大容量的中央并网逆变器将光伏系统产生的直流电逆变为交流电输入电网[18]，如图 3-16（a）所示。集中式是最早投入实际使用的光伏系统并网方式，在 20 世纪 80 年代的光伏发电系统中最为常见，功率一般为 100kW~1MW，优点是由于只有一台并网逆变器，系统结构简单，变换效率高。集中式并网方式由于输出功率高，单位发电成本低，经常用于光伏电站等功率较大的场合。逆变器是整个系统中的关键环节也是薄弱环节，单台逆变器的故障可能会导致整个系统崩溃；当光伏阵列中单个光伏组件故障或损坏时，直接影响到所在光伏阵列的正常工作，导致整个光伏发电系统的可靠性低。而且集中式逆变器集中管理最大功率点跟踪，不能兼顾每个光伏组件，由于模块匹配、局部阴影等因素，实际光伏阵列输出呈现多峰值特性[19]。这种统一的最大功率跟踪输出功率很可能远小于光伏阵列内所有组件的最大功率之和。另外，集中式逆变并网系统的固定连接方式，也很大程度上限制了系统的扩展性。

2. 交流模块式并网

图 3-16（e）所示为交流模块式并网，每块光伏组件与一个微型逆变器构成一个能够产生电能同时将直流电转化为交流电的光伏发电模块，并直接实现并网。这种并网方式最早在 20 世纪 80 年代出现[19]，微型逆变器功率一般为 50~400W，使用于单相系统。由于每块光伏模块独立设计最大功率跟踪和并网逆变功能，不会因为局部故障使系统效率降低；而且每个模块独立运行，提高了系统扩展灵活性。交流模块并网方式的缺点是成本较高，另外小容量的微型逆变器逆变效率较低。目前微型逆变器及以其构成的交流模块并网方案是当前光伏并网的研究热点之一。

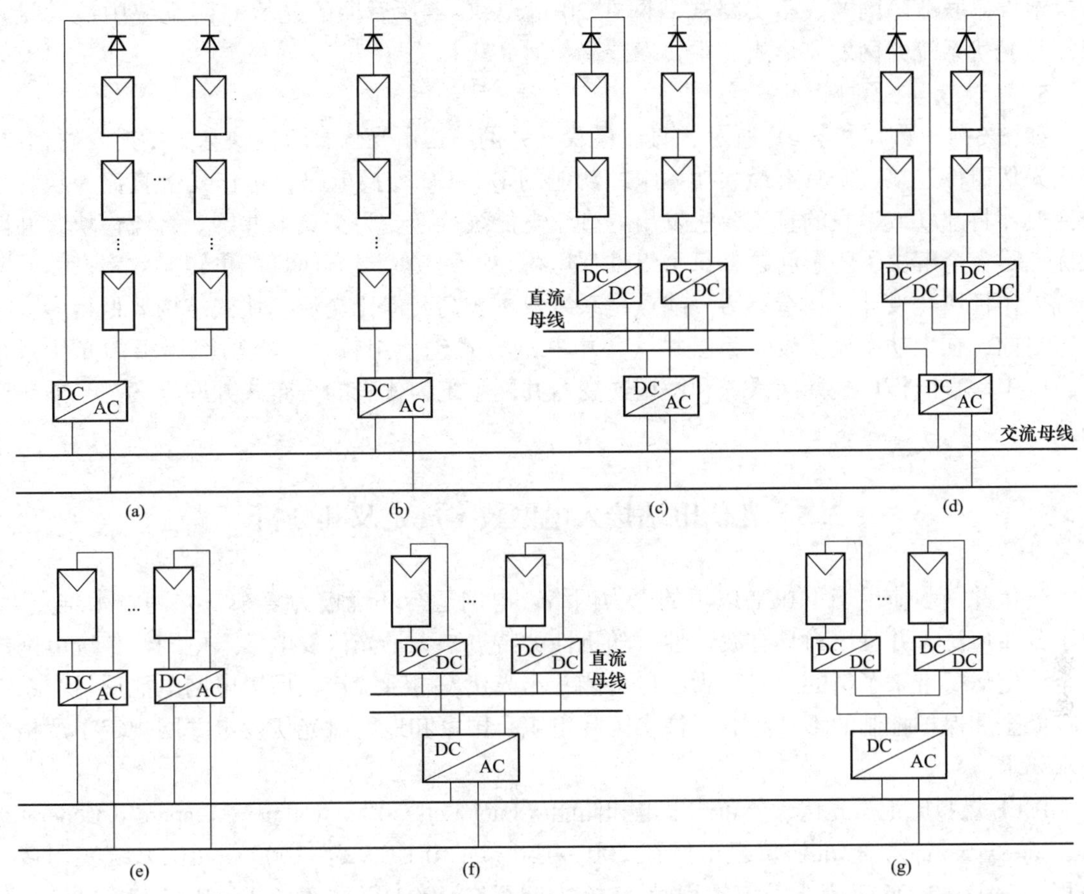


图 3-16 光伏发电的并网方式

(a) 集中式；(b) 组串式；(c) 并联多支路；(d) 串联多支路；(e) 交流模块式；(f) 并联直流模块式；(g) 串联直流模块式

3. 组串式并网

相同的光伏组件串联连接，构成光伏组件组串，再通过中小功率的逆变器实现并网，如图 3-16（b）所示。组串式并网综合了集中式和交流模块式并网的优点，每个组串与一个并网逆变器直接相连，单独实现最大功率点跟踪，组串之间互不影响，减少了元器件个数，更易于安装；同与集中式并网相比，不需要直流母线[19]；而逆变转换效率又高于交流模块式结构。一般一个组串的光伏组件电压为 150~450V，功率在几千瓦以内，若所需功率较高还可以多个组串并联工作，适用于单相或者三相系统。

4. 多支路式并网

多支路式并网是光伏组件串联或并联，通过多个 DC-DC 变换器和一个集中的 DC-AC 逆变器连入交流电网，如图 3-16（c）和（d）所示。一般同一条支路需要采用相同的光伏组件，不同支路可以采用不同功率、不同数量的光伏组件，有利于系统的集成与维护。多支路式并网结合了组串式并网和集中式并网的优点：每个 DC-DC 变换器有独立的最大功率跟踪，类似于组串式结构，最大限度地发挥了光伏组件的效能；集中式的并网逆变器提高了逆变效率，增强了系统可靠性；在某条支路出现故障时，系统仍然能够维持工作；多支路的结构使得系统具有良好的可扩展性等。其缺点是部分改善了功率损失和阴影问题，但仍然存在光伏组件串联故障问题。多支路式并网在 20 世纪 90 年代后期的光伏并网系统中被大量采用，是光伏系统并网发电形式的主要发展趋势之一[19]。

5. 直流模块式并网

如图 3-16（f）和（g）所示，直流模块式并网结构由光伏直流模块和集中逆变器构成：每块光伏组件连接一个具有最大功率跟踪功能的 DC-DC 变换电路，称作光伏直流模块；集中逆变器将并联或串联的直流模块发出的直流电能统一逆变为交流电并网。直流模块式并网的优点是完全解决了阴影问题，每个组件都运行在最大功率点，而且能量转换效率高，同时系统采用模块化设计，构造灵活。缺点是系统成本较高，但比交流模块式结构要低得多[17]。

目前，在大功率光伏发电系统中，集中并网方式仍使用较多，小功率等级的光伏系统中，以串联直流模块式并网系统和微型逆变器并网系统为代表的分布式并网方案是当前研究的热点。

## 3.5 光伏电站接入电网技术规定及其分析

光伏并网多应用于 110kV 以下的电力网络，电网运行环境极为复杂，并网技术难点大。由于分布广泛，并且出力具有波动性、随机性的特点，大量光伏发电接入电网给传统电网的安全稳定运行带来了新的挑战。为了尽可能减小光伏发电系统接入后对电网电能质量、系统运行安全和保护控制的不利影响，许多国际组织、国家和地区对光伏发电并网规定了严格的技术要求。

IEEE 燃料电池、光伏、分布式发电和储能（Fuel Cells，Photovoltaics，Dispersed Generation and Energy Storage）标准协调组虽然在 2000 年颁布了 IEEE 929-2000《光伏系统实用接口规程》，但在 2006 年废止了该规程[20]。该协调组在 2003 年发布了 IEEE 1547-2003《分布式电源与电力系统互联标准》，首次尝试将所有类型分布式发电（Distributed Generation，DG）在性能、运行、测试、安全、维护方面的标准和要求进行统一，作为分布式发电的光伏发电和风力发电可以参考此标准。IEEE 1547 目前已经扩展成为一系列标准，IEEE 在 2014 年对其进行了第一次修订，并准备于 2018 年前完成对 IEEE 1547 标准的全面修订。

各发达国家也针对自身实际情况制定了包括光伏发电在内的新能源发电并网技术标准。加拿大两个主要的互联标准是 C22. 2 NO. 257《基于逆变器的微电源配电网互联标准》和 C22. 3 NO. 9《分布式电力供应系统互联标准》；新西兰在 2005 年制订完成了基于逆变器的微电源标准 AS4777. 1 安装要求，AS4777. 2 逆变器要求和 AS4777. 3 电网保护要求；德国目前有 BDEW《发电厂接入中压电网并网指南》和 VDE-AR-N-4105《发电系统接入低压配电网并网指南》，考虑了可再生能源发电的接入[21]。

我国是目前市场准入技术要求启动较早的国家之一。2010 年 8 月，国家电网公司颁布了企业标准 Q/GDW 480—2010《分布式电源接入电网技术规定》，这是国家电网公司制定的分布式电源接入电网的总体技术标准。对于光伏发电，我国于 2005 年制订并于 2012 年 12 月修订颁布了国家推荐性标准 GB/T 19964—2012《光伏发电站接入电力系统技术规定》。这些标准规定了不同电压等级光伏电站并网的通用技术要求。为了解决具体的技术问题，国家电网公司又于 2011 年颁布了 Q/GDW 617—2011《光伏电站接入电网技术规定》和 Q/GDW

618—2011《光伏电站接入电网测试规程》两项企业标准，分别对光伏电站接入电网时的测试项目、方法、步骤、条件和光伏并网系统要使用的逆变器设备的类型、技术要求和试验方法做了具体规定[22]。

### 3.5.1　光伏电站接入电网的一般原则

我国太阳能资源分布和电能消费的格局决定了在进行光伏发电开发时应将集中开发、高压输送和分布接入、就地消纳两种形式相结合。

不同形式的光伏电站并网特性不同，并网要求也有区别，需要结合电站类型、总装机容量、周边电网实际情况，根据国家和国家电网公司并网标准要求，因地制宜地选择经济技术最优的光伏电站接入系统方案。装机容量较小（如200kW及以下）的小型光伏发电站可以直接接入380V低压配电网，光伏电站的电能可直接在用电负荷侧全部消纳利用。为避免小型光伏发电站在用电低谷时向公用电网倒送电，其总容量原则上不宜超过上一级变压器供电区域内最大负荷的25%，这样还可以允许小型光伏发电站根据上一级变压器的容量进行灵活配置。装机总容量大于200kW、小于等于所接电网线路最大输送容量30%的中型光伏电站，为充分利用和节省电网资源，宜考虑接入10kV及以上电压等级电网，并采用T接方式为好。T接方式可有效减少光伏电能的输电网损，为光伏电站就地发电、就地平衡消纳的发用模式创造条件[23]。装机总容量大于拟接入的10kV及以上电压等级配电线路最大输送容量30%的大型光伏电站，按照国家电网公司并网规定的要求，应采用专线接入方式并入公用电网[23]。

### 3.5.2　光伏电站并网的电能质量要求

光伏发电站接入电网，向电网发送的电能应能满足电能质量相关标准的要求，包括谐波、高频分量、电压波动和闪变、电压偏差、直流分量等方面。其中谐波、间谐波、电压偏差、电压波动和闪变、电压不平衡度分别参照对公用电网的相应要求，应满足电能质量国家标准。实际测试中，谐波电压、间谐波电压、电压偏差、电压波动和闪变及电压不平衡度，这些涉及电压参数的量，一般与公用电网并网点的实际值相仿，差异不大[24]。

光伏发电站通过并网逆变器直接接入电网，如果逆变器中没有隔离变压器，有可能会往公用电网中引入直流电流。直流分量的注入会导致电网中变压器和电动机饱和发热；会造成邻近电机磁场的平衡被破坏，使其产生震动；对于系统中的非线性负载，直流分量会造成电流的严重不对称，损坏用电设备。因此，光伏并网技术标准中对直流注入做了严格的限制。根据国家电网公司的并网标准要求，光伏发电站接入电网运行时，并网点向公用电网馈送的直流电流分量不应超过其交流电流额定值的0.5%。但对于某些小型的光伏发电站，如社区型或户用型发电站，实际测试时精度要求过于苛刻，一般按照馈送的直流分量不超过5mA来处理[24]。通过一级以上的变压器升压至10kV以上电网的大中型光伏发电站，其逆变器产生的直流分量已被隔离变压器有效隔离，一般不需要检测直流分量。

### 3.5.3　光伏电站并网的功率控制和电压调节

光伏电站的功率控制主要用于在电网发生事故导致系统能力降低的情况下，以帮助电网恢复正常运行[23]。光伏电源通过有功和无功控制参与电网调节，支撑电网运行，确保在发生事故时电力系统能够保持稳定。

针对并网光伏电站的功率控制和电压调节能力，并网标准规定，小型光伏发电站，由于对电网无功电压支持有限，考虑到成本和技术因素，可以不要求其具备无功功率和电压调节能力，不考虑无功补偿。但当其输出有功功率大于其额定功率的50%时，功率因数应不小于0.98（超前或滞后）；输出有功功率在20%~50%之间时，功率因数应不小于0.95（超前或滞后）。

大中型光伏发电站，应该配置有功功率控制系统，具有接收并自动执行电力调度部门发送的有功功率及有功功率变化的控制指令、调节光伏发电站有功功率输出、控制光伏发电站停机的能力。同时应具有限制输出功率变化率的能力，输出功率变化率和最大功率的限值不应超过电网调度部门的限值，但因太阳光辐照度快速减少引起的光伏发电站输出功率下降率不受此限制。

除有功功率控制的要求外，大中型光伏电站原则上应配置无功功率和电压调节控制系统。无功功率控制与电压调节的目的是确保并网点的电压质量，并保持稳定性。光伏发电站参与电网电压和无功调节的方式包括调节光伏发电站逆变器输出的无功功率、无功补偿设备的投入量和变压器的变比调整。并网逆变器一般均具有一定的无功调节能力，并网光伏电站可以利用逆变器无功调节功能，在额定功率因数1.0~±0.95(0.9)范围进行无功调节，再加之以无功补偿、变比调整作为辅助手段，控制并网点电压。

对于光伏发电站无功容量要求的范围，取决于光伏发电站的容量大小及所接入电网的特性和并网点位置（电网结构及输送线路长度）。一般而言，需要光伏发电站具有在系统故障情况下能够调节电压恢复至正常水平的足够无功容量，以满足电压控制要求。专线接入220kV及以下电压等级公用电网的大中型光伏发电站，其配置的容性无功容量应能够补偿光伏发电站满发时站内汇集系统、主变压器的全部感性无功及光伏发电站送出线路的一半感性无功之和；其配置的感性无功容量能够补偿光伏发电站送出线路的一半充电无功功率；接入500kV及以上电压等级公用电网的光伏发电站，其配置的容性无功容量应能够补偿光伏发电站满发时站内汇集系统、主变压器及光伏发电站送出线路的全部感性无功之和，其配置的感性无功容量能够补偿光伏发电站送出线路的全部充电无功功率。T接于公用电网和接入用户内部电网的大中型光伏发电站应根据项目工程的特点，结合电网实际情况论证其配置无功装置类型及容量，以确保其在需要提供无功补偿时有能力实现[25]。

### 3.5.4 光伏电站并网在电网异常时的响应

电网异常时的响应主要包括过欠电压响应、低电压穿越和过欠频响应。在电力系统实际运行状态下，电网调度部门依据公用电网持续安全稳定运行的原则，向光伏发电站下达欠电压响应或低电压穿越的指令。光伏发电站电压/频率异常时的分段响应要求在标准中进行了规定。

Q/GDW 617—2011中对大中型光伏电站低电压穿越特征要求如图3-17所示。电力系统发生不同类型故障时，若光伏电站并网点电压全部在图中电压轮廓线及以上的区域内，应保证不间断并网运行；否则可停止向电网输送电能。对于三相和两相短路故障，考核电压为光伏并网点线电压；对于单相接地短路故障，考核电压为光伏并网点相电压。光伏发电站并网点电压跌至20%额定电压时，光伏发电站能够保证不脱网连续运行1s；光伏发电站并网点电压在发生跌落后3s内能够恢复到额定电压的90%时，光伏发电站能够保证不脱网连续运行[25]。

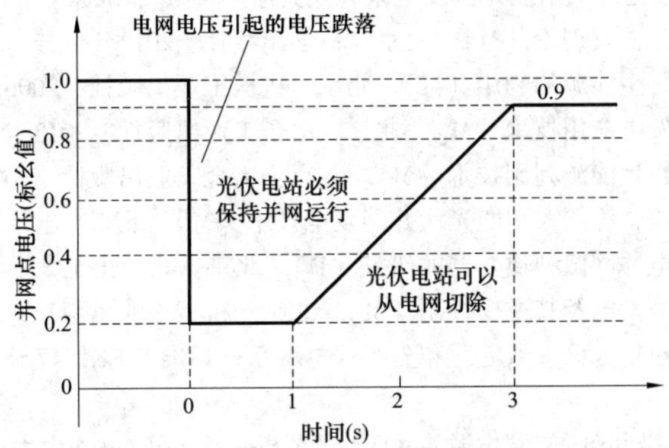


图3-17　大中型光伏电站低电压穿越特征要求

### 3.5.5　光伏电站并网的防孤岛运行

几乎所有的技术标准都要求光伏并网不应改变原有电力系统保护的自动重合闸等的协调性，必须满足反孤岛保护的要求。

孤岛现象及其检测将在5.5节做具体介绍。为了非计划防止孤岛运行的出现，保证检修人员的人身安全和设备的运行安全，光伏并网须根据需要，设置一定的防孤岛保护。

对小型光伏发电站，要求其必须具备快速监测孤岛效应的能力，并能立即断开与电网连接。大中型光伏发电站，由于其自身接入电网方式一般难以形成孤岛，可以不专门设置防孤岛保护，但公用电网继电保护装置必须保证公用电网出现故障时，切除光伏发电站。对于接入用户内部电网的中型光伏发电站的防孤岛保护能力由电力调度部门确定。

我国的光伏并网标准制定颁布的时间较晚，从新旧标准的发展来看，已经增加了很多细化的标准和要求的项目，但在某些方面还不够成熟，需要结合我国示范工程的具体实际情况进一步发展和完善。

## 参　考　文　献

[1] 杜凤丽，原郭丰，常春，等. 太阳能热发电技术产业发展现状与展望［J］. 储能科学与技术，2013，2（6）：551-564.

[2] 钱丰. 太阳能热发电的研究［D］. 南京：东南大学，2007.

[3] 高嵩，侯宏娟. 太阳能热发电系统分析［J］. 华电技术，2009，31（1）：70-74.

[4] H. Price, et al. Advances In Parabolic Trough Solar Power Technology［J］. Journal of Solar Energy Engineering，2002，(5)：109-125.

[5] 王亦南. 对我国发展太阳能热发电的一点看法［J］. 中国能源，2006，28（08）：5-10.

[6] 王立乔，孙孝峰. 分布式发电系统中光伏发电技术［M］. 北京：机械工业出版社，2010.

[7] 耿华，刘淳，张兴，等. 新能源并网发电系统的低电压穿越［M］. 北京：机械工业出版社，2014.

[8] 王长贵. 崔容强，周篁. 新能源发电技术［M］. 北京：中国电力出版社，2003.

[9] 惠晶. 新能源发电与控制技术［M］. 北京：机械工业出版社，2012.

[10] 何道清，何涛，丁宏林. 太阳能光伏发电系统原理与应用技术［M］. 北京：化学工业出版社，2012.
[11] 郑志宇，艾芊. 分布式发电概论［M］. 北京：中国电力出版社，2013.
[12] 杨贵恒，张海呈，张颖超. 太阳能光伏发电系统及其应用［M］. 北京：化学工业出版社，2015.
[13] 王成山. 微电网分析与仿真理论［M］. 北京：科学出版社. 2013.
[14] 吴志坚. 新能源和可再生能源的利用［M］. 北京：机械工业出版社，2006.
[15] 杨金焕. 太阳能光伏发电应用技术［M］. 北京：电子工业出版社，2013.
[16] 刘小军. 新能源与可再生能源利用技术［M］. 北京：冶金工业出版社，2006.
[17] 孙向东，任碧莹，张琦，等. 太阳能光伏并网发电技术［M］. 北京：电子工业出版社，2014.
[18] 李柳. 太阳能光伏发电并网微型逆变器的研究［D］. 北京：北京化工大学，2015.
[19] 张兴. 太阳能光伏并网发电及其逆变控制［M］. 北京：机械工业出版社，2011.
[20] 杨大为，黄秀琼，杨建华，等. 微电网和分布式电源系列标准 IEEE1547 述评. 南方电网技术，2012，6（5）：7-12.
[21] 汪诗怡，艾芊. 国际上微网和分布式电源并网标准的分析研究［J］. 华东电力，2013，42（6）：1170-1175.
[22] 陶维青，李嘉茜，丁明，等. 分布式电源并网标准发展与对比［J］. 电气工程学报，2016，11（4）：1-8.
[23] 谈康. 光伏电站及其并网方式探讨［J］. 电力需求侧管理，2012（06）：56-58.
[24] 张军军，秦筱迪. 国家电网光伏电站并网技术标准解读［J］. 质量与认证，2012（1）：54-55.
[25] 国家电网公司. 光伏电站接入电网技术规定：Q/GDW 617—2011［S］. 北京：中国电力出版社，2011.

# 第 4 章　新能源发电中的电力电子技术

电力电子技术是新能源的支撑科技，无论新能源发电装置、储能装备，还是新能源组网都要依靠电力电子技术，未来的新能源发电系统中，电力电子技术将会扮演越来越重要的角色[1]。

作为新能源发电的关键技术，电力电子技术的发展为可再生能源发电提供了重要的技术支撑，新能源技术的发展依赖于现代电力电子技术的进步和成就，新能源技术的兴起也为现代电力电子技术的进一步发展提供了契机[2]。未来各种新型电力电子技术的出现还将促进新能源应用更好更经济的发展。

本章以电力电子基本知识为基础，从新能源发电并网环节和新能源发电中的储能技术几个层次来介绍大功率电力电子技术在新能源中的应用。

## 4.1 电力电子技术基础

电力电子技术就是应用于电力领域的电子技术，是利用电子器件对电能进行变换和控制的技术，由电力学、电子学和控制理论三个学科交叉形成[3]。

### 4.1.1 电力电子器件概述

电力电子器件（Power Electronic Device），又称作功率半导体器件，是在电能处理的电路中实现电能的传输、变换和控制的大功率电子器件。

功率半导体器件可以按照可控性质、驱动信号的类型进行分类[4]。

根据被触发电路输出控制信号所控制的程度，电力电子器件可以分为不可控型器件、半控型器件和全控型器件。不可控型电力电子器件不能用控制信号来控制导通和关断，它的开通和关断完全由其在电路中所承受的电压电流决定，如电力二极管。半控型器件可以用控制信号，即触发电路的触发脉冲控制它的导通；但无法控制其关断，必须由其在主电路中所承受的电压电流或其他辅助换流电路来实现，如晶闸管（SCR）及除了门极可关断晶闸管（GTO）之外的大多数派生器件。全控型器件可完全由控制信号控制它的开通和关断，又称为自关断器件，目前常用的包括绝缘栅双极型晶体管（IGBT）、门极可关断晶闸管（GTO）、电力场效应晶体管（P-MOSFET）和大功率晶体管（GTR）等。

根据驱动信号的类型，功率半导体器件又可分为电流驱动型和电压驱动型。通过在控制端注入或抽出电流来实现导通或关断控制的器件为电流驱动型，一般此类功率器件需要的驱动功率比较大，开关速度比较低，如 GTO、GTR 等。而通过在控制端和公共端加载一定的电压信号来实现导通或关断控制的器件为电压驱动型，相应这一类功率器件所需的驱动功率比较小，开关速度比较高，如 IGBT 和 P-MOSFET。

另外，根据器件所用半导体材料、制造工艺、工作机理等的不同，功率半导体器件还有其他分类方式。

1. 电力二极管

电力二极管（Power Diode）的基本结构和工作原理同信息电子电路中的普通二极管一样，区别是它的阳极通流能力和反向耐压能力比普通二极管大得多。电力二极管电气图形符号和伏安特性如图 4-1 所示，与普通二极管类似，电力二极管具有正向导通性和反向阻断性。虽然导通和关断都不可控，但由于其简单可靠，电力二极管在很多电气设备特别是应用于新能源发电的电力电子设备中仍有大量应用。

2. 晶闸管

晶闸管（Thyristor）也称可控硅（Silicon Controlled Rectifier，SCR），是半控电流驱动型电力电子器件。它有阳极 A、阴极 K 和门极 G 三个电极，其电气图形符号和伏安特性如图 4-2 所示。

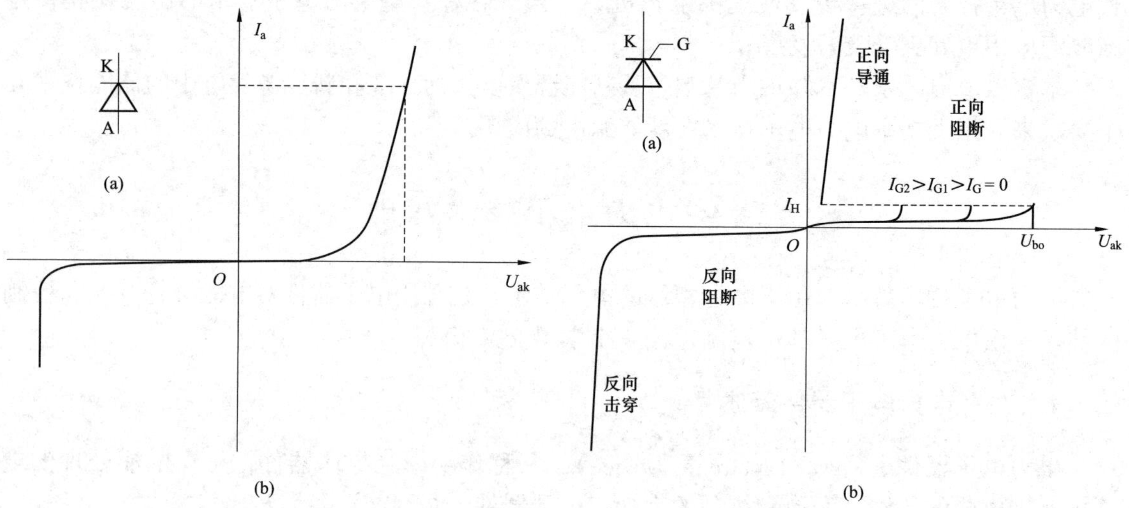


图 4-1 电力二极管的电气图形符号和伏安特性

（a）图形符号；（b）伏安特性

图 4-2 晶闸管的电气图形符号和伏安特性

（a）电气图形符号；（b）伏安特性

晶闸管具有与二极管类似的反向阻断特性[5]：当 A-K 极间承受反向电压时，无论门极是否有触发电流，晶闸管都不会导通；只有在 A-K 极间承受正向电压的同时，G-K 极间流过正向触发电流 $I_G$，晶闸管才会导通，电流从阳极 A 流向阴极 K；晶闸管一旦导通，门极将失去控制作用，不论门极电流是否继续存在，晶闸管都会维持导通状态；要让晶闸管关断，只能通过增大负载电阻或降低阳极电压甚至外加反向阳极电压，使阳极电流小于维持电流 $I_H$ 来实现。

如图 4-2 所示，晶闸管的正向特性在第 I 象限。门极电流 $I_G=0$ 时，即使在 A-K 极间加载正向电压 $U_{ak}$，晶闸管中也仅有很小的漏电流流过，处于正向阻断状态，可见晶闸管实际上具有双向阻断作用。如果正向阳极电压超过正向转折电压 $U_{bo}$，则阳极电流 $I_a$ 急剧增大，晶闸管由正向阻断状态进入正向导通状态。正向转折电压随门极电流的增大而减小。导通后的晶闸管即使通过较大的阳极电流，自身的压降也很小。导通状态下，如果减小阳极电流 $I_a$ 至维持电流 $I_H$ 以下，则晶闸管又恢复至正向阻断状态。

第Ⅲ象限是晶闸管的反向特性区：在器件两端施加反向电压时，无论门极是否有触发信号，晶闸管都只有很小的反向漏电流流过，处于反向阻断状态。反向漏电流随反向电压的增加而增大，当反向电压增大到反向击穿电压时，其反向电流急剧增大，晶闸管被击穿损坏。

晶闸管正常使用时，利用其正向阻断和导通特性，通过控制门极触发电流来控制晶闸管的正向导通，用较小的信号电流（一般为几十到几百毫安）控制较大的阳极电流（可以达到几百安培），实现大功率开关的功能。但门极只能控制其导通不能控制其关断，晶闸管属于半控型器件。

晶闸管能在高电压（上千伏特）、大电流条件下工作，并且损耗小、价格便宜、工作可靠，虽然其开关频率较低，但在大功率、低频的应用场合中仍占主导地位，被广泛应用于可控整流、交流调压、逆变和变频等电子电路中。

3. 双向晶闸管

双向晶闸管（Triode AC Switch，TRIAC）结构上相当于一对反并联连接的普通晶闸管，有两个主电极 T1、T2，一个门极 G，其等效电路、电气符号和伏安特性如图 4-3 所示。双向晶闸管的同一个门极可以触发控制两个方向的导通，其伏安特性在第Ⅰ和第Ⅲ象限具有对称的特点，是一种理想的交流开关器件。

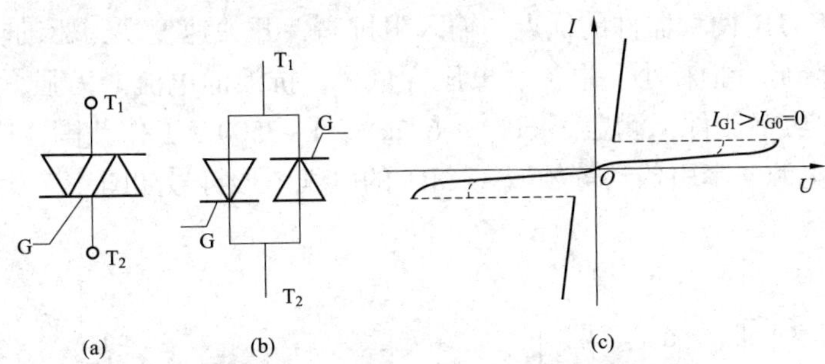


图 4-3　双向晶闸管的电气图形符号和伏安特性

（a）电气图形符号；（b）等效电路；（c）伏安特性

4. 门极可关断晶闸管

门极可关断晶闸管（Gate Turn-Off Thyristor，GTO）是晶闸管的一种派生器件，其在承受正向电压时，可以通过在门极加上正向脉冲电流使器件导通；加上负脉冲电流使其关断，因此是具有自关断能力的全控型功率半导体器件。GTO 电气符号如图 4-4 所示。

GTO 具有类似普通晶闸管耐压高、电流大等优点，又具有自关断能力，是理想的高压、大电流开关器件，被广泛应用在斩波调速、变频调速、逆变电源等领域。

5. 电力晶体管

电力晶体管（Giant Transistor ，GTR）是耐高电压、大电流的双极结型晶体管（Power Bipolar Junction Transistor，Power BJT）[3]，其结构与普通晶体管类似，内部有两个 PN 结，引出发射极 E（Emitter）、基极 B（Base）和集电极 C（Collector），电气图形符号也与普通晶体管一样，如图 4-5 所示。

图 4-4　门可关断晶闸管的电气图形符号　　图 4-5　电力晶体管的电气图形符号

在变流应用中 GTR 一般工作在开关状态，通过基极输入的电流信号控制输出的通断，是典型的全控型器件。

6. 电力场效应晶体管

电力场效应晶体管（Power MOSFET，P-MOSFET）通常主要指绝缘栅型中的 MOS 型（Metal Oxide Semiconductor FET），其电气图形符号如图 4-6 所示，按导电沟道可分为 P 沟道和 N 沟道，P-MOSFET 主要是 N 沟道型。P-MOSFET 三个极为栅极 G、漏极 D 和源极 S，通过栅极电压控制漏极回路电流，是电压控制型全控半导体器件。P-MOSFET 的特点是栅极静态内阻极高（$10^9\ \Omega$），需要的驱动功率小，驱动电路简单，开关速度快，开关频率高（500kHz 以上），热稳定性优于 GTR；但电流容量小，耐压低，适用于高频低功率的电力电子装置。

7. 绝缘栅双极型晶体管

绝缘栅双极晶体管（Insulated Gate Bipolar Transistor，IGBT）是由 MOSFET 和 GTR 结合而成的复合全控型电压驱动式功率半导体器件，其输入控制部分为 MOSFET ，输出级为 GTR，综合了 MOSFET 和 GTR 两种器件的优点：输入阻抗高，开关速度快，驱动功率小，实现电压控制；同时饱和压降低，损耗小，电流、电压容量大，抗浪涌电流能力强，安全工作区宽等。IGBT 是目前主流的功率器件，涵盖了 600V～6.5kV、1～3500A 工作范围，广泛应用于交流电机、变频器、开关电源、牵引传动等领域。IGBT 的电气图形符号如图 4-7 所示。

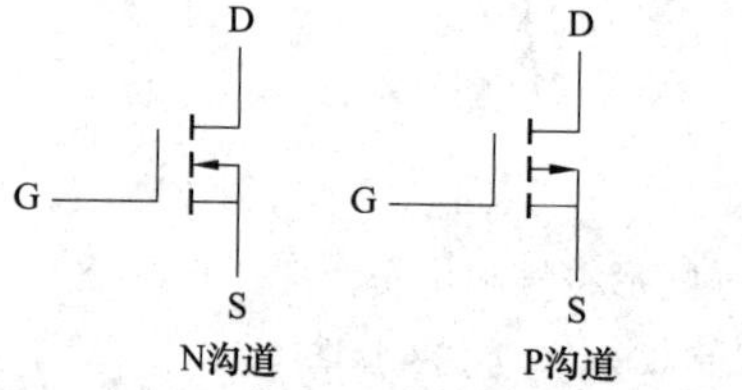


图 4-6 电力场效应晶体管电气图形符号

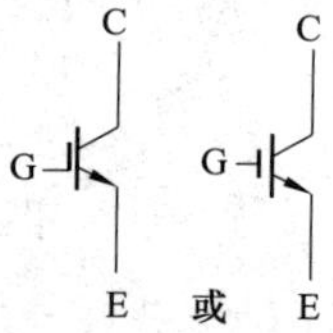

图 4-7 绝缘栅双极型晶体管电气图形符号

近年来，电力电子开关器件向着高频化、节能化、全控化、集成化和多功能化方向发展，一些新型电力电子器件包括静电感应晶体管（SIT）、静电感应晶闸管（SITH）、MOS 控制晶闸管（MCT）、集成门极换流晶闸管（IGCT）等不断涌现，特别是将多个配合使用的电力电子器件封装在一个模块内部构成的功率模块（Power Module），甚至是将电力电子器件与驱动、检测、逻辑、控制、保护等电路制作在同一芯片上，构成的功率集成电路（Power Integrated Circuit，PIC）在工程实践中更是得到了越来越广泛的应用。

另外，功率半导体器件在电力电子电路中使用时，还需要有一定的驱动与保护电路：驱动电路接收控制系统的控制信号，经功率放大和隔离后驱动功率开关器件的导通和关断；保护电路为功率开关器件在受到过电压、过电流、浪涌等情况下提供一定的抑制、缓冲与保护，避免器件被损坏。由于不同的电力电子开关器件性能和参数的不同，对驱动和保护电路的要求也不尽相同，一般需要根据其特点选择满足要求的驱动与保护电路，此处不再赘述。

### 4.1.2 交流-直流（AC-DC）整流电路

将交流电变换为直流电的电路为整流电路（Rectifier），是所有电力电子电能基本转换电路最早出现的种类[7]。整流电路按所采用的器件类型可以分为不可控、半控和全控整流电路；按电路的结构可分为零式电路和桥式电路；按交流输入的相数可分为单相电路、三相电路和多相电路。

1. 二极管不控整流

近年来，不控整流电路由于结构简单、成本低廉、可靠性高，在交-直-交变换器、不间断电源等场合中大量应用，由于电路中的电力电子器件采用整流二极管，故也称这类电路为二极管整流电路。不控整流电路最常用的是单相桥和三相桥两种接法。

带电容滤波的单相桥式不控整流电路由电源变压器、四只整流二极管 VD1～VD4 和负载电阻 $R_d$ 构成，为了抑制输出电压的波动，一般会在负载两端并联滤波电容 C，如图 4-8（a）所示。单相桥式不控整流电路输出电压 $u_d$ 波形如图 4-8（b）所示[4]：在 $u_2$ 的正半周，当 $u_2<u_d$ 时，四只二极管均截止，电容 $C$ 向负载 $R_d$ 放电，$u_d$ 减小；当 $u_2>u_d$ 时，VD1、VD4 承受正向电压导通，交流电源向电容 $C$ 和负载 $R_d$ 供电；$u_2$ 的负半周类似；$\theta$ 是一个电源周期内一组二极管的导通角。

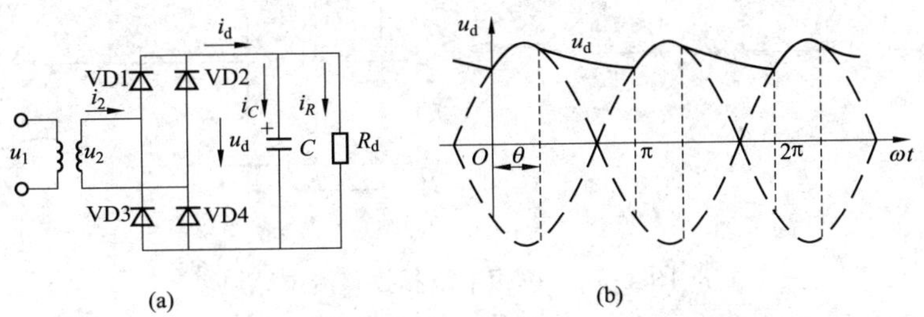


图 4-8　带电容滤波的单相桥式不控整流电路

（a）电路图；（b）输出电压波形

带电容滤波的三相桥式不控整流电路及其输出电压 $u_d$ 波形如图 4-9 所示，当某一组二极管导通时，输出的直流侧电压是交流线电压中最大的一个，此线电压对电容 $C$ 充电并向负载 $R_d$ 供电；经过二极管导通角 $\theta$ 后，线电压低于电容电压 $u_d$，二极管截止，电容向负载放电，$u_d$ 减小。

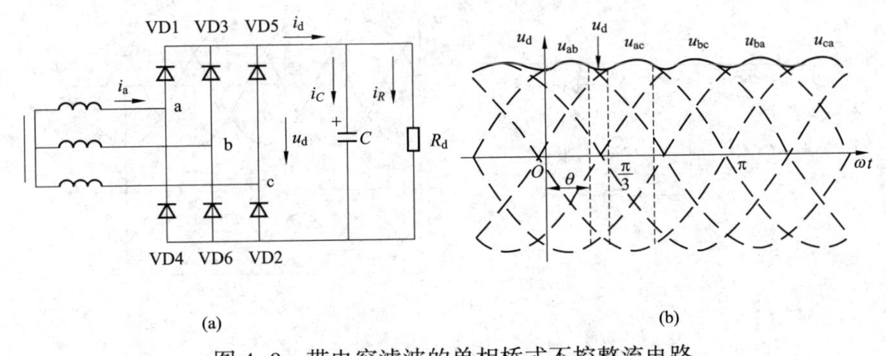


图 4-9　带电容滤波的单相桥式不控整流电路

（a）电路图；（b）输出电压波形

2. 晶闸管相控整流

相控整流电路以具有控制功能的晶闸管作为开关元件，通过适当控制晶闸管触发导通的相位角，来控制直流侧负载的电压，实现移相调节。

单相半波相控整流电路如图 4-10（a）所示。一般工程应用中，常见的是感抗 $\omega L_d$ 与电

阻 $R_d$ 相比不能忽略的阻感负载，带阻感负载的单相半波相控整流电路工作波形如图 4-10（b）所示。$u_2$ 的正半周 $\omega t_1$ 时刻给晶闸管加载门极触发电流，$\alpha$ 为晶闸管的控制角，晶闸管一旦导通，负载电压即为电源电压 $u_2$，由于电路中有电感 $L_d$，电流不能突变，$i_d$ 从 0 开始增加，此阶段交流电源给电阻 $R_d$ 供电，同时提供电感 $L_d$ 吸收的能量。当 $u_2$ 由正变负过零点时，仍有 $i_d>0$，晶闸管仍然导通，此阶段电感以储存的能量给负载供电，同时提供变压器二次侧吸收的能量，直到电感储存能量释放完毕，晶闸管关断[3]。

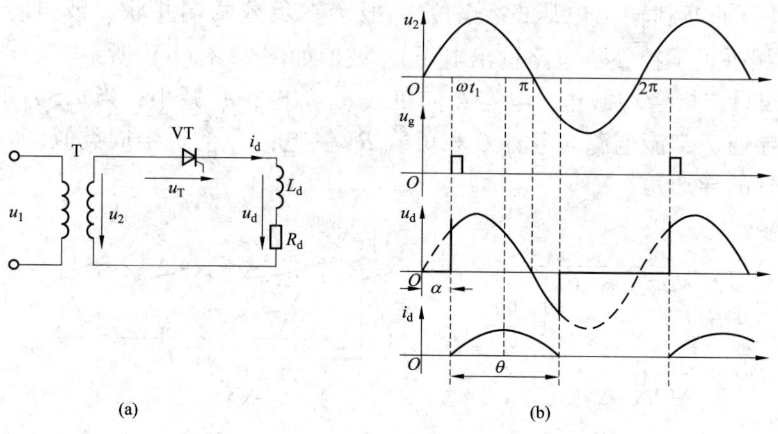


图 4-10 单相半波相控整流电路

（a）电路图；（b）工作波形

三相半波可控整流电路如图 4-11（a）所示，变压器一次侧采用三角形连接，以防三次谐波注入，二次侧则接成星形以方便得到中性点[7]，三只晶闸管分别接入星形连接的三相。带电阻性负载并且晶闸管控制角 $\alpha=0°$时的输出波形如图 4-11（b）所示，三只晶闸管所在相的相电压，哪一相的值最高，则相应的晶闸管导通，并使另外两只晶闸管承受反向电压而关断，电阻负载上得到对应相的相电压。

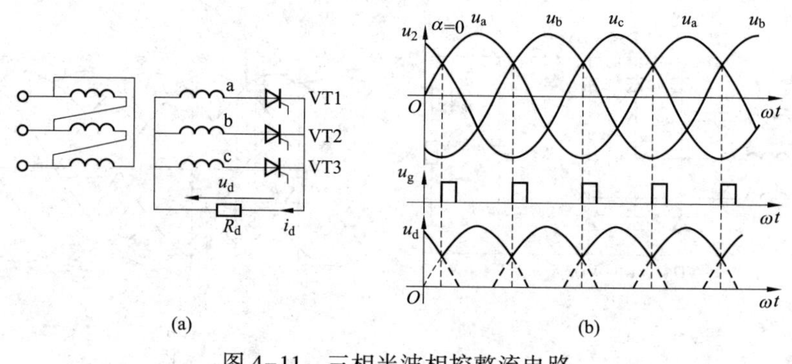


图 4-11 三相半波相控整流电路

（a）电路图；（b）工作波形

单相桥式全控整流电路如图 4-12（a）所示。假设负载感抗 $\omega L_d \gg R_d$，电路处于稳定工作状态，则工作波形如图 4-12（b）所示。$u_2$ 的正半周 $\omega t_1$ 时刻触发导通晶闸管 VT1、VT4，晶闸管 VT2、VT3 承受反向电压而关断，$u_d=u_2$。$u_2$ 过零点由正变负时，在负载电感作用下，VT1、VT4 仍流过电流 $i_d$，保持导通；直到在 $u_2$ 的负半周，VT2、VT3 承受正向电压，

并在 $\omega t_1=\pi+\alpha$ 时刻，为 VT2、VT3 加载触发脉冲将两者导通，晶闸管 VT1、VT4 则承受反向电压而关断。由于负载电感较大，负载电流 $i_d$ 连续且近似呈水平线。

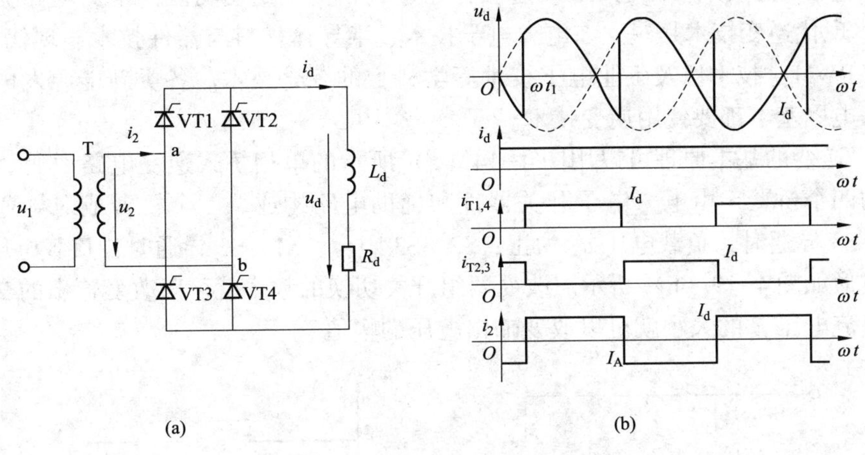


图 4-12　单相桥式全控整流电路

（a）电路图；（b）工作波形

三相桥式全控整流电路如图 4-13（a）所示，整流桥由 6 只晶闸管构成，VT1、VT3 和 VT5 共阴极连接，VT2、VT4 和 VT6 共阳极连接。每个时刻有分别位于共阴极组和共阳极组的两只晶闸管导通，构成回路，负载上获得相应的线电压。每个周期内 6 只晶闸管的组合导通顺序是：（VT1-VT2）→（VT3-VT2）→（VT3-VT4）→（VT5-VT4）→（VT5-VT6）→（VT1-VT6）。晶闸管控制角 $\alpha=0°$并且带大电感负载时的工作波形如图 4-13（b）所示，输出电压 $u_d$ 是三相交流电源 6 个线电压正半周的包络线；负载中大电感的存在使负载电流连续平直。

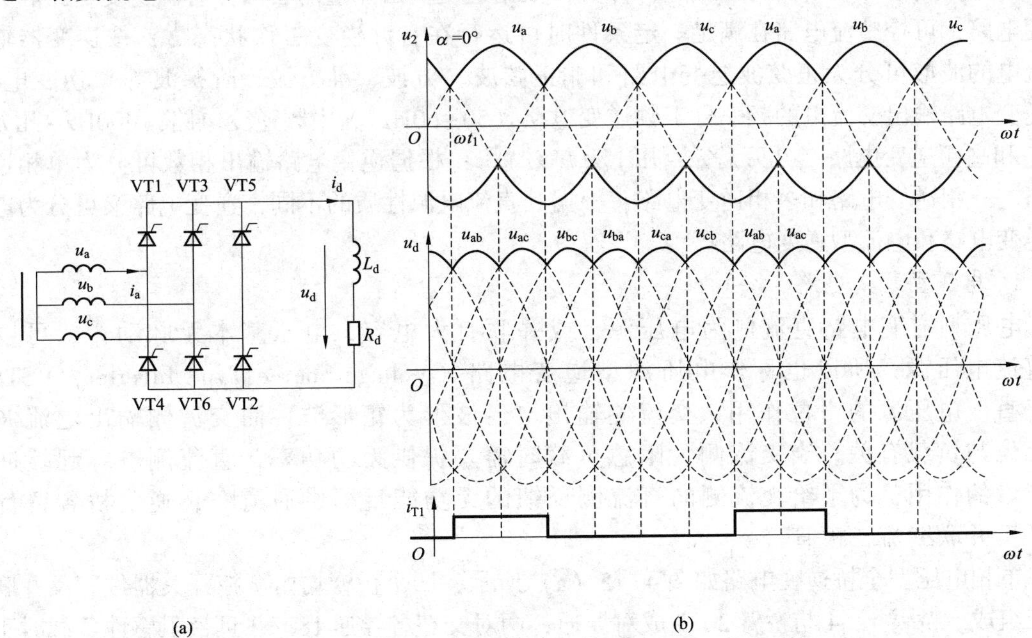


图 4-13　三相桥式全控整流电路

（a）电路图；（b）工作波形

### 4.1.3 直流-交流（DC-AC）逆变电路

将直流电 DC 变换成交流电 AC 的过程称作逆变，实现逆变功能的电力电路为逆变电路（Inverter）。现代逆变技术是建立在电力电子技术、半导体材料与器件技术、现代控制技术、脉宽调制（PWM）技术以及工业电子技术等学科上的综合技术。各类新能源发电中，最后将能量送入电网基本都要使用逆变技术。

DC-AC 逆变的基本原理可以用图 4-14（a）所示的单相桥式逆变电路说明。S1～S4 是桥式电路的四个桥臂，由电力电子开关器件和辅助电路构成。四个桥臂成对导通：S1、S4 闭合，S2，S3 导通时，负载电压 $u_o$ 为正；S2、S3 闭合，S1，S2 导通时，负载电压 $u_o$ 为负，输出电压波形如图 4-19（b）所示。改变两组开关切换的频率就可以改变输出的交流电的频率；改变直流电压 $E$ 的大小就可以改变输出电压的幅值。

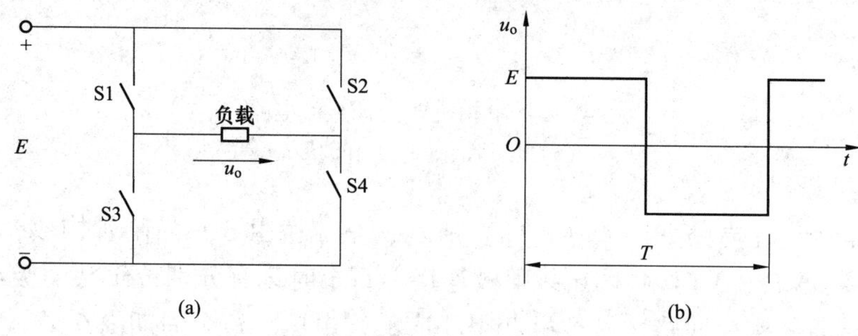


图 4-14 逆变的基本原理

（a）单相桥式逆变电路结构；（b）输出电压

逆变电路可以以不同的方式进行分类：依据逆变输出能量的去向分有源逆变电路和无源逆变电路，可控整流电路在满足一定条件时可运行在有源逆变工作状态[4]；按逆变器输出交流电的波形可分为正弦波逆变电路和非正弦波（方波、准方波、阶梯波等）逆变电路；按逆变电路输出交流电的频率分工频逆变电路（50～60Hz）、中频逆变电路（400Hz～几万赫兹）和高频逆变电路（几万赫兹～几十万赫兹）[8]；根据逆变电路输出相数可分为单相逆变电路、三相逆变电路和多相逆变电路；根据其直流电源性质的不同，逆变电路又可分为电压型逆变电路和电流型逆变电路等。

1. 电压型逆变电路

电压型逆变电路直流侧为电压源，或并联有大电容，电压基本无脉动[6]，可以看作直流电压源，所以也称作电压源型逆变电路（Voltage Source Type Inverter，VSTI）。由于直流电压源的钳位作用，交流侧输出电压波形为矩形波；而交流侧输出电流波形和相位与负载有关。当交流侧为阻感负载时需要提供无功功率，直流侧电容起缓冲无功能量的作用，为了给交流侧向直流侧反馈的无功能量提供通道[6]，逆变桥各臂都并联了反并联续流二极管。

单相电压型全桥逆变电路如图 4-15（a）所示，四个桥臂均由全控开关器件和反并联二极管组成。桥臂 1、4 与桥臂 2、3 成对导通，两对交替各导通 180°并且带阻感性负载时工作波形如图 4-15（b）所示。

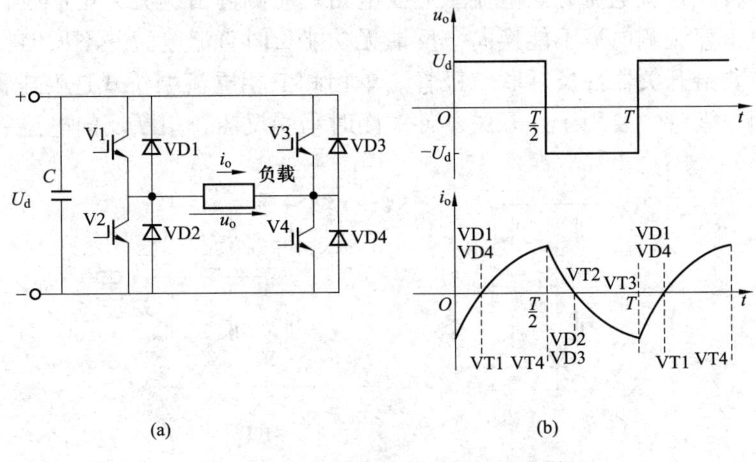


图 4-15　电压型单相全桥逆变电路

（a）电路结构；（b）输出波形

三相电压型桥式逆变电路如图 4-16（a）所示，其基本工作方式是 180°导电方式，即每个桥臂导电 180°，同一相上下两臂交替导电，各相开始导电的角度相差 120°，任一时刻有三个桥臂同时导通，每次换流都是在同一相上下两臂之间进行，输出电压波形如图 4-16（b）所示。

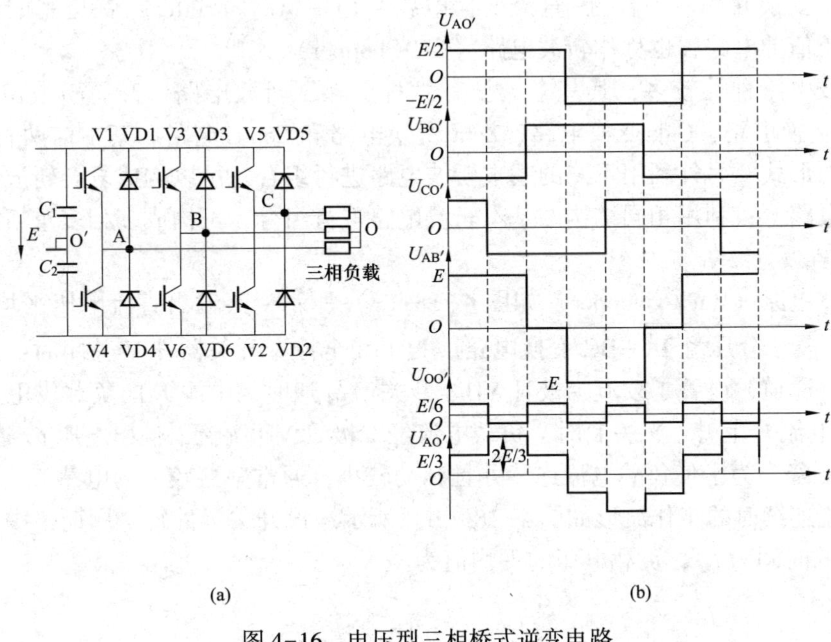


图 4-16　电压型三相桥式逆变电路

（a）电路结构；（b）输出波形

2. 电流型逆变电路

直流侧电源是电流源的逆变电路为电流型逆变电路，也称作电流源型逆变电路（Current Source Type Inverter，CSTI）。一般在直流侧串联一个大电感 $L_d$，因为大电感中电流脉动很小，可以看成直流电流源。电流型逆变电路交流侧输出电流为矩形波，输出电压波形与负载有关。由于直流侧电流不能换向，反馈无功能量时直流电流并不反向，因此不必像电压型逆变器那样要给开关器件反并联二极管。单相和三相电流型桥式逆变电路如图 4-17 所示，桥臂串联的二极管主要用于在开关器件关闭时承受反压，阻断反向电流。

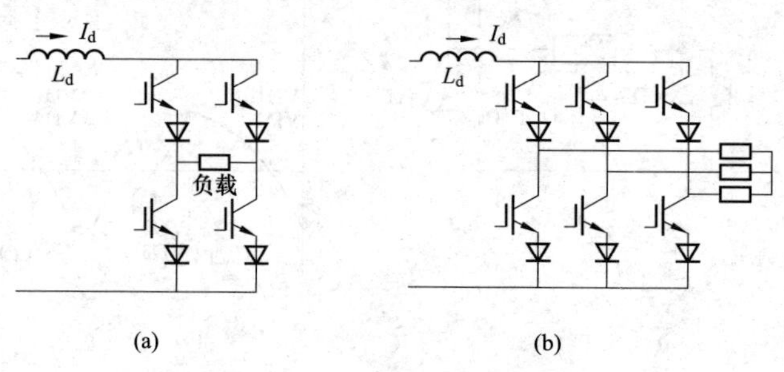


图 4-17　电流型逆变电路

（a）单相桥式；（b）三相桥式

### 4.1.4　直流-直流（DC-DC）变换电路

新能源发电中经常需要对直流电压进行变换，如在太阳能光伏发电并网系统中，为了满足交流并网的要求，需要将太阳能电池输出的直流电压变换到合适的范围以内，才能由后续的逆变器进行变换并网[7]。直流-直流变换电路（DC-DC Converter）就是完成将直流电压变为另一电压值的电路，也称作斩波电路（DC Chopper）。

直流斩波电路种类较多，其基本类型有六种：降压斩波电路、升压斩波电路、Boost-Buck 升降压变换电路、Cúk 变换电路、Zeta 变换电路和 Sepic 电路。其中前两种应用广泛，也是最基本的形式。另外利用不同的基本斩波电路进行组合，可以构成复合斩波电路，如桥式可逆斩波电路等；利用相同结构的基本斩波电路进行组合，可构成多相多重斩波电路。

1. 降压斩波电路

降压斩波电路（Buck Chopper）如图 4-18（a）所示，其输出直流电压平均值 $U_o$ 低于输入电压 $E$，属于降压型 DC-DC 变换电路。为了在全控型开关器件 V 关闭时，给负载中的电感电流提供通道，设置了续流二极管 VD。开关 V 导通时，电源 $E$ 向负载供电，输出电压 $u_o=E$，输出电流 $i_o$ 上升；V 关断时，负载电流经二极管 VD 续流，输出电压 $u_o$ 近似等于零，输出电流 $i_o$ 下降。为了使负载电流连续并且脉动较小，通常串接较大的电感 $L$。电路稳定工作且负载电流连续时的工作波形如图 4-18（b）所示。设开关器件每个周期 $T$ 中导通的时间为 $t_{on}$，关断的时间为 $t_{off}$，负载电压的平均值为

$$U_o = \frac{t_{on}}{T}E = \frac{t_{on}}{t_{on} + t_{off}}E = \alpha E \tag{4-1}$$

其中 $\alpha$ 为导通占空比。可见调节占空比 $\alpha$，可以调节电路输出电压平均值 $U_o$，输出电压的最大值为电源电压 $E$。根据对输出电压平均值进行调节方式的不同，斩波电路有三种控制方式：①保持开关周期 $T$ 不变，调节开关导通时间 $t_{on}$ 的脉冲宽度调制（PWM）；②保持开关导通时间 $t_{on}$ 不变，改变开关周期 $T$ 的频率调制；③$t_{on}$ 和 $T$ 都可调，以改变占空比的混合

型。其中，第一种方式应用最多。

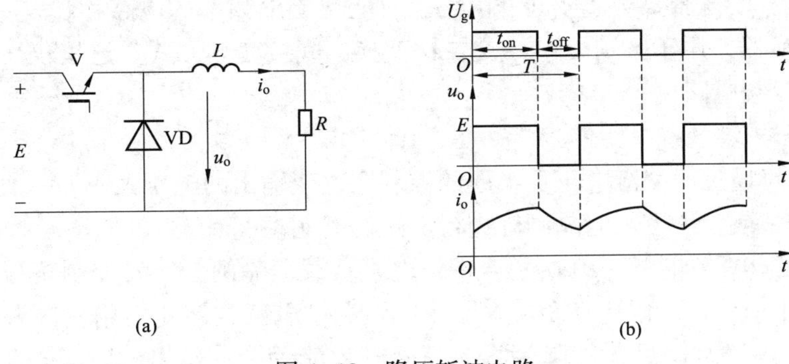


(a)　(b)

图 4-18　降压斩波电路

(a) 电路结构；(b) 工作波形

2. 升压斩波电路

升压斩波电路（Boost Chopper）如图 4-19（a）所示，电路中电感 $L$、电容 $C$ 值都很大。当开关 V 导通时，二极管 VD 反向偏置，使输入与输出隔离，电源 $E$ 向电感充电，充电电流恒定为 $I$，输出电压 $u_o$ 为恒定值 $U_o$。V 导通时间 $t_{on}$ 内，电感 $L$ 上蓄积的能量为 $EIt_{on}$。V 关断时，在电感上的自感电动势和电源电压共同作用下，二极管 VD 导通，电源能量和电感储能共同供给负载，V 关断期间 $t_{off}$ 时间内，电感 $L$ 上释放的能量为 $(U_o-E)It_{off}$。稳定工作时，一个周期 $T$ 中电感蓄积的能量与释放的能量相等：

$$EIt_{on} = (U_o - E)It_{off} \tag{4-2}$$

即

$$U_o = \frac{t_{on} + t_{off}}{t_{off}}E = \frac{T}{t_{off}}E = \frac{1}{1 - \alpha}E \tag{4-3}$$

因为占空比 $\alpha \leqslant 1$，所以有 $U_o \geqslant E$，输出电压高于电源电压，故为升压斩波。

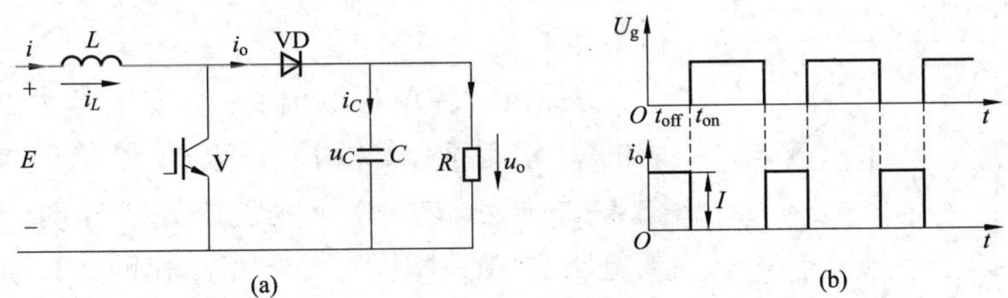


(a)　(b)

图 4-19　升压斩波电路

(a) 电路结构；(b) 工作波形

### 4.1.5　交流-交流（AC-AC）变换电路

交流-交流变换是把一种形式的交流电变为另一种形式的交流电的变换技术。不改变交流电的频率仅改变电压、电流、功率或仅对电路实现通断控制的电路，称作交流电力控制电路，包括交流调压电路、交流调功电路和交流电力电子开关。交流调压电路在每半个周波内通过对晶闸管开通相位的控制，调节输出电压的有效值。交流调功电路导通和关断交流电的整周期，通过改变通态周期数和断态周期数的比值，调节输出功率的平均值。交流电力电子开关串入电路中，根据需要接通或断开电路。改变交流电频率的电路称作交-交变频电路或直接AC-AC变换器，用于区别交-直-交二次变换的间接变频方式。这里仅简单介绍交流调压电路和交-交变频电路。

1. 交流调压电路

交流调压电路通过对交流电正负半周的控制来改变输出的电压大小，一般采用两个反并联的单向晶闸管，或者一个双向晶闸管进行电路的控制。

单相交流调压电路如图4-20所示，带纯电阻负载，晶闸管触发控制角为$\alpha$时，电路工作波形如图4-21所示。带阻感性负载时，由于负载中电感的储能作用，输出电流$i_o$在电源电压$u_i$过零延迟一段时间后才能降为零，晶闸管才能关断。延迟的时间与负载阻抗角$\varphi=\arctan\frac{\omega L}{R}$有关，相应的，晶闸管的导通角$\theta$由晶闸管控制角$\alpha$和负载阻抗角$\varphi$决定。

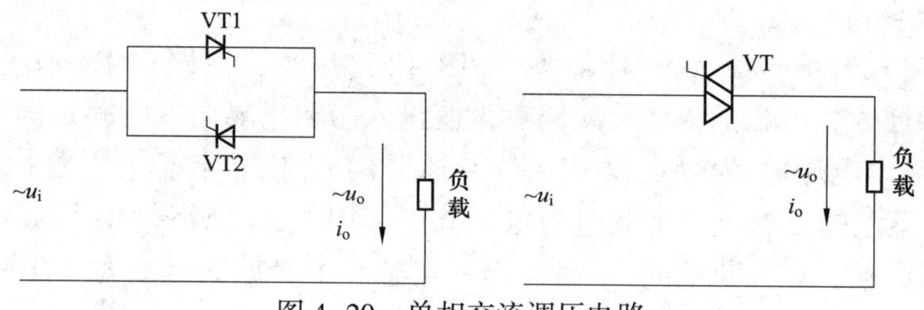

图4-20 单相交流调压电路

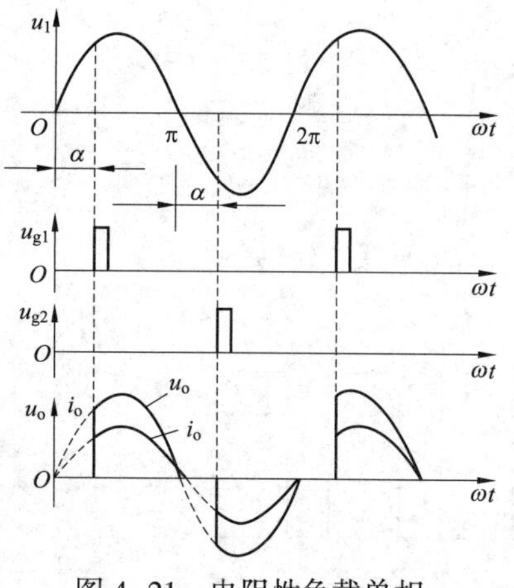

图4-21 电阻性负载单相交流调压电路工作波形

三相交流调压电路根据三相连接形式的不同，有多种形式，如图4-22所示，其中（a）、（c）两种形式最常见[3]。

2. 交-交变频电路

交-交变频电路直接将固定频率的交流电变换为可调频率的交流电，没有中间直流环节，也称周波变换器（Cycloconverter）。

三相输入-单相输出交-交变频器由P、N两组反并联的三相晶闸管相控整流桥和单相负载构成，如图4-23所示。当P组变流电路工作时，N组封锁，负载电压$u_o>0$；N组变流电路工作时，P组封锁，负载电压$u_o<0$。以一定频率控制P、N两组变流器交替工作，则向负载输出的交流电的频率$f_o$就等于两组变流器的切换频率，改变这个切换频率，就可以改变输出的电压频率$f_o$。而改变变流电路工作时晶闸管的触发角控制角$\alpha$，就能改变变频器输出电压的大小。例如在输出电压的半周期内按正弦规律调制导通组变流器晶闸管的触发角$\alpha$，使其从$\alpha=90°$逐渐减小到$\alpha=0°$，再逐渐增大到$\alpha=90°$，则每个控制周期内相应变流器输出电压的平均值就可以按正弦规律从零变到最大，再减小到零，形成平均意义上的正弦波电压波形输出。值得注意的是，输出电压波形并不是平滑的正弦波，而是由片段电源电压波形拼接而成。一个输出周期中所包含的电源电压段数越多，波形就越接近正弦[4]。为了得到较为平滑的波形，一般要用6脉波的三相桥式电路或

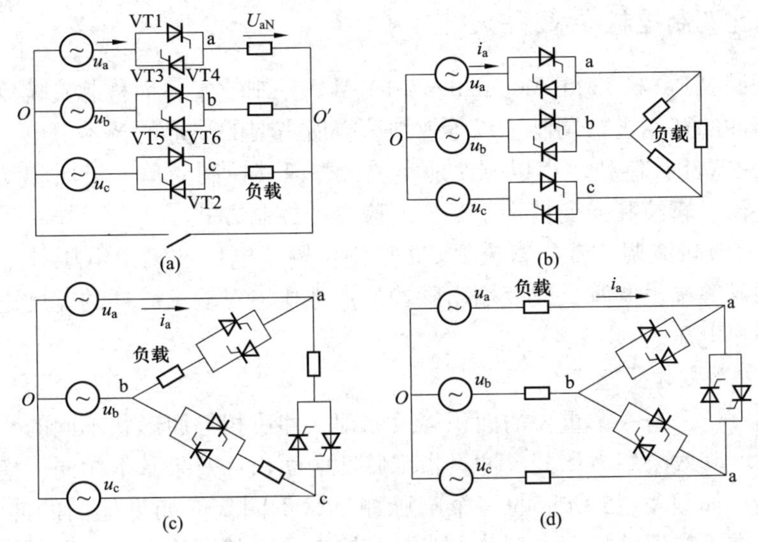


图 4-22　三相交流调压电路

（a）有中性线的星形连接；（b）线路控制三角形连接；（c）支路控制三角形连接；（d）中点控制三角形连接

12 脉波变流电路来构成交-交变频器。

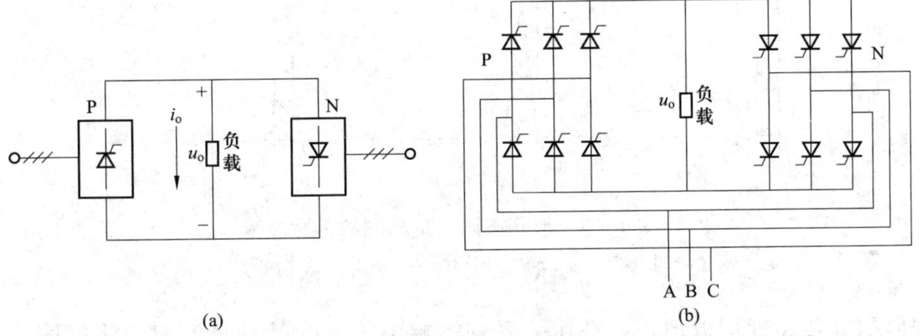


图 4-23　三相输入-单相输出交-交变频器

（a）原理图；（b）电路图

三相输入三相输出的交-交变频电路由三个输出电压相位互差 120°的单相输出交-交变频电路连接而成，常应用于大功率交流电机调速场合。双馈异步风力发电机中，可以使用三相输出的交-交变频器，通过调整变频器每相正反组桥式电路触发角，使交-交变频器三相输出接近正弦、相差 120°、频率可调的交流电作为双馈异步发电机的励磁电流，如图 4-24 所示，注意由于三组输出连接在一起，电源进线必须采用变压器隔离。

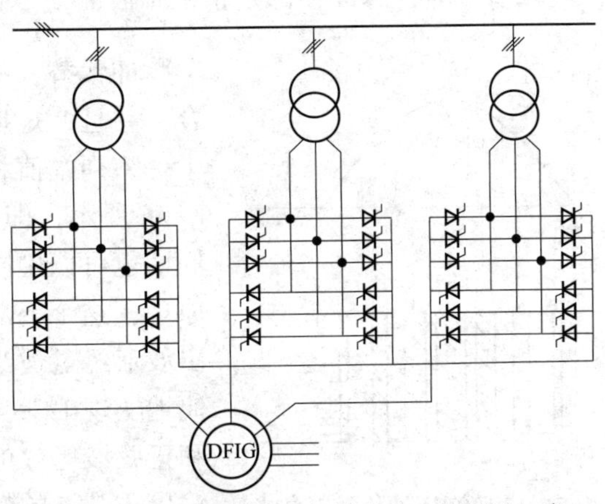


图 4-24　三相输入三相输出交-交变频电路

### 4.1.6 脉宽调制控制技术（PWM）

脉冲宽度调制（Pulse Width Modulation，PWM）控制技术，简称脉宽调制控制技术，即通过对一系列脉冲的宽度进行调制，以等效地获得所需要的波形的技术。电力电子全控型器件的发展，使得 PWM 控制技术得以方便地实现，并以其控制简单、灵活和动态响应好的优点，而成为在整流、斩波和逆变技术中都广泛应用的控制方式。

4.1.4 节的直流斩波调压就是直流 PWM 控制：输入电压和输出电压都是直流电压，所以输出电压脉冲既等幅也等宽，改变输出脉冲的占空比，对输出脉冲的宽度进行调制，就可以获得所需的输出电压。

1. PWM 控制的基本原理

在采样控制理论中有一个重要的面积等效原理：冲量相等而形状不同的窄脉冲加在具有惯性的环节上时，其效果基本相同。冲量指窄脉冲的面积；效果基本相同，指环节的输出响应波形基本相同。如图 4-25 所示的三个窄脉冲形状不同，但如果他们的冲量（面积）相同，当三者加载在具有惯性的同一环节上时，其输出响应基本相同。如果对输出波形用傅里叶变换分析，会发现其低频段非常接近，仅在高频段略有差异。面积等效原理是 PWM 控制技术的重要基础理论。

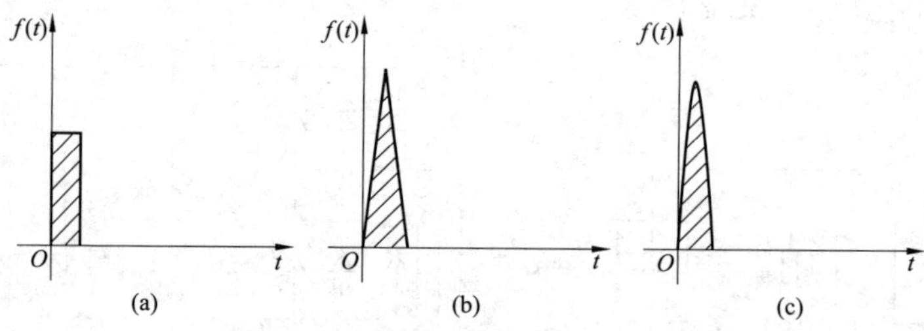


图 4-25 形状不同冲量相同的窄脉冲

（a）矩形脉冲；（b）三角形脉冲；（c）正弦半波脉冲

根据面积等效原理可以把正弦波用一系列等幅不等宽的脉冲来等效。将如图 4-26 所示的正弦半波分成 $N$ 等分，将其看成 $N$ 个相连的脉冲序列组成的波形，这些脉冲宽度都等于 $\frac{\pi}{N}$，但幅值不等，脉冲顶部是正弦半波曲线。把这些脉冲序列用相同数量的等幅不等宽的矩形脉冲代替，将矩形脉冲的中点和相应正弦形脉冲的中点重合，并且使矩形脉冲和相应的正弦形脉冲冲量相等，就得到了一系列幅值相等，宽度按正弦规律变化的脉冲序列，如图 4-26 所示，即为这个正弦半波的 PWM 波形，正弦波的负半周期也可以用同样的方法得到其 PWM 波形。根据面积等效原理，这个 PWM 波形和正弦波是等效的，将这种形式的输出波形经过适当高频滤波就可以得到期望的正弦波输出，方便地实现 DC-AC 逆变等。这种脉冲宽度按正弦规律变化而和正弦波等效的 PWM 波形即正弦 PWM 波形。要改变等效输出正弦波的幅值，只需按同一比例系数改变 PWM 波形脉

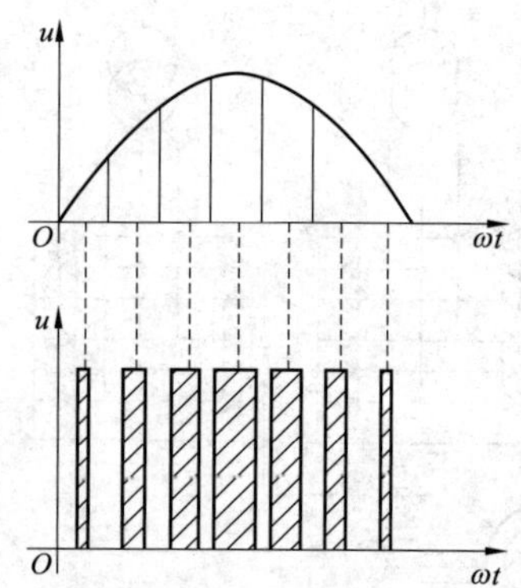


图 4-26 用 PWM 波代替正弦半波

冲的宽度即可[3]。

2. SPWM 调制技术

正弦波脉宽调制（Sinusoidal PWM，SPWM）以输出正弦波为期望，一般以频率比期望正弦波高得多的等腰三角波作为载波（Carrier Wave），以频率与期望波相同的正弦波作为调制波（Modulation Wave），通过对两者进行调制的方法来得到期望的正弦波输出[9]。SPWM 电压波调制原理如图 4-27 所示，$u_r$ 是输出脉宽控制用的调制正弦波信号电压；$u_c$ 是三角波的载波信号电压，它在 $u_r$ 的正半周期是正极性的三角波，在 $u_r$ 的负半周期是负极性的三角波；$U_d$ 是直流电压信号；$u_o$ 是调制后的输出 SPWM 信号；$u_{o1}$ 是 $u_o$ 的基波分量。比较器对调制波 $u_r$ 和载波 $u_c$ 信号进行比较：在 $u_r$ 的正半周期，$u_r>u_c$ 时，输出高电平 $u_o=U_d$；$u_r<u_c$ 时，输出低电平 $u_o=0$，负半周期对称，即得到一组宽度按正弦规律变化的脉冲波形 $u_o$。而且在三角载波 $u_c$ 不变的条件下，改变正弦调制波 $u_r$ 的周期就可以改变输出脉冲 $u_o$ 宽度变化的周期，继而改变其正弦基波 $u_{o1}$ 的周期；改变正弦调制波 $u_r$ 的幅值，就可改变输出脉冲的宽度，进而改变 $u_o$ 基波 $u_{o1}$ 的大小。

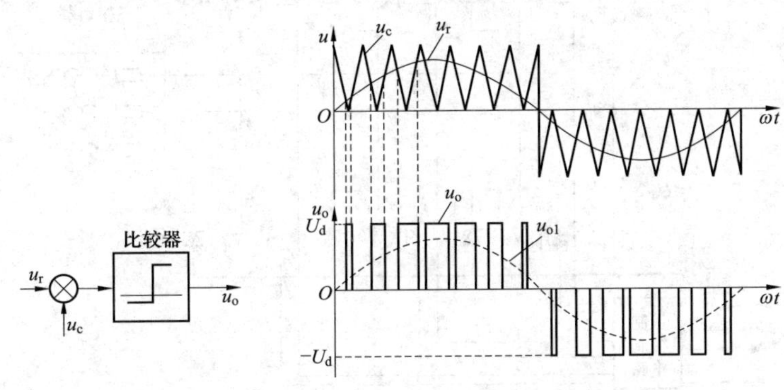


图 4-27　SPWM 电压波调制原理

3. PWM 逆变技术

PWM 逆变电路与 4.1.3 节介绍的逆变电路一样分为电压型逆变电路和电流型逆变电路，实际应用的多为电压型[3]。

单相桥式 PWM 逆变电路如图 4-28 所示，电路基本结构与普通单相桥式逆变电路没有本质区别，主要采用 PWM 控制技术。设负载为阻感负载，工作时 V1 和 V2 的通断状态互补；V3 和 V4 的通断状态也互补[3]。具体控制规律为：在输出电压 $u_o$ 的正半周，V1 保持通态，V2 保持断态，V3 和 V4 交替通断。由于负载电流 $i_o$ 滞后于负载电压 $u_o$，因此在电压正半周，电流一段区间为正，一段区间为负。在负载电流为正的区间，V1 和 V4 导通时，负载电压 $u_o=U_d$；V4 关断时，负载电流通过 V1 和 VD3 续流，$u_o=0$。在负载电流为负的区间，V1 和 V4 导通时，由于 $i_o<0$，实际上是从 VD1 和 VD4 流过，仍有 $u_o=U_d$；V4 关断 V3 开通时，负载电流通过 V3 和 VD1 续流，$u_o=0$。V3、V4 的通断按照图 4-27 的 SPWM 调制控制，调制信号 $u_r$ 为正弦波，载波 $u_c$ 在 $u_r$ 的正半周为正极性的三角波。在 $u_c$ 和 $u_r$ 的交点控制开关器件的通断，当 $u_r>u_c$ 时导通 V4，关断 V3，$u_o=U_d$；当 $u_r<u_c$ 时关断 V4，导通 V3，$u_o=0$。同样，在 $u_r$ 的负半周，载波 $u_c$ 为负极性的三角波，控制开关器件 V2 保持通态，V1 保持断态，V3、V4 交替通断：当 $u_r<u_c$ 时关断 V4，导通 V3，$u_o=-U_d$；当 $u_r>u_c$ 时导通 V4，关断 V3，$u_o=0$，获得输出电压的 SPWM 波形。对得到的 SPWM 输出电压波形 $u_o$ 进行低通滤波，就能获得较为理想的逆变正弦交流输出。

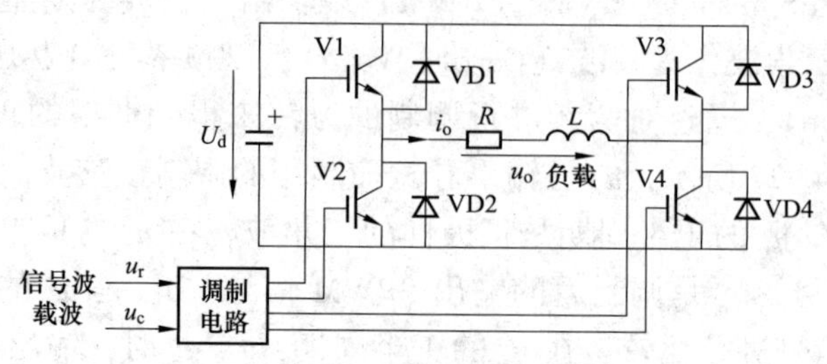


图 4-28 电压型单相桥式 PWM 逆变电路

三相电压源型 PWM 逆变电路结构如图 4-29 所示。

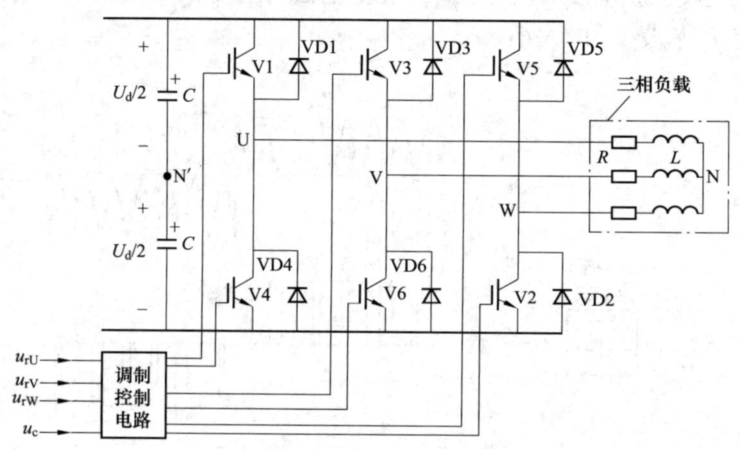


图 4-29 电压源型三相 PWM 逆变电路

4. PWM 整流技术

4.1.2 节介绍的二极管整流电路由于多采用大电容滤波，只有输入交流电压高于电容电压的狭窄范围内才有电流流过，输入电流波形畸变严重，输入功率因数低；晶闸管相控整流采用移相触发，输入电流滞后电压一个触发延迟角，因此基波功率因数低，同时输入电流波形畸变大，低次谐波含量高[4]。而将 SPWM 调制技术应用于整流电路，通过对整流电路的 PWM 控制，可使输入电流非常接近正弦波并与输入电压同相位，获得非常接近于 1 的输入功率因数，因此 PWM 整流也称作单位功率因数变流[4]。

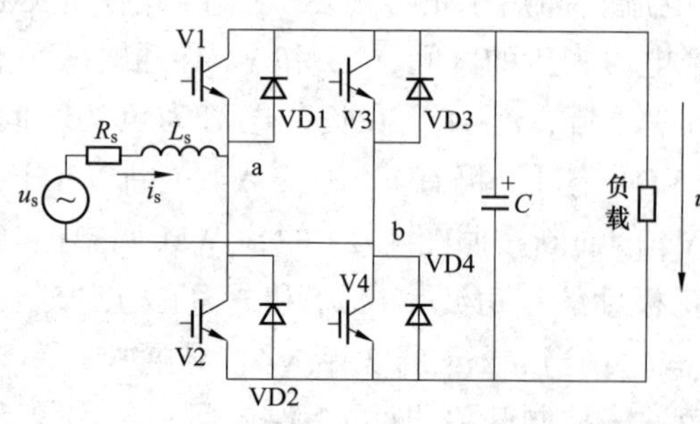


图 4-30 电压型单相全桥 PWM 整流电路

根据直流储能元件的不同 PWM 整流可分为电流型和电压型两大类，目前应用较多的是电压型 PWM 整流电路[3]。

电压型单相全桥 PWM 整流电路如图 4-30 所示，每个桥臂由一个全控型器件（P-MOSFET 或 IGBT 等）和反并联的整流二极管组成。交流输入侧电感 $L_s$ 包括外接电抗器的电感和交流电源内部的电感，起平衡电压、支撑无功功率和储存能量的作用，是电路正常工作所必需的；电阻 $R_s$ 包括外接电抗器的电阻和交流电源内部的电阻；直流侧并联的电容 $C$ 起到储能和稳压的作用。

不考虑换相过程，任一时刻，单相桥式 PWM 整流电路的四个桥臂有两个桥臂导通，为避免输出短路，同一支路上下两个桥臂不允许同时导通。故 PWM 整流电路有四种工作模式，根据交流侧电流 $i_s$ 的方向，每种工作模式有两种工作状态[10]。

当交流输入电源电压 $u_s$ 位于正半周时，四种工作方式为：

(1) 方式1时1、4桥臂导通，电流为正时，VD1 和 VD4 导通，交流电源输出能量，直流侧吸收能量，电路处于整流状态；电流为负时，V1 和 V4 导通，交流电源吸收能量，直流侧释放能量，处于能量反馈状态。

(2) 方式2，2、3桥臂导通，电流为正时，V2 和 V3 导通，交流电源和直流侧都输出能量，$L_s$ 储能；电流为负时，VD2 和 VD3 导通，交流电源和直流侧都吸收能量，$L_s$ 释放能量。

(3) 方式3为1、3桥臂导通，直流侧与交流侧无能量交换，电源被短接，电流为正时，VD1 和 V3 导通，$L_s$ 储能；电流为负时，V1 和 VD3 导通，$L_s$ 释放能量。

(4) 方式4时2、4桥臂导通，直流侧与交流侧无能量交换，电源被短接，电流为正时，V2 和 VD4 导通，$L_s$ 储能；电流为负时，VD2 和 V4 导通，$L_s$ 释放能量。

方式1和方式2中，由于电流方向能够改变，交流侧与直流侧可进行双向能量交换。方式3和方式4时，交流电源被短路，依靠交流侧电感限制电流；按同样方法可分析 $u_s$ 位于负半周时各种方式的工作情况。

按照正弦调制信号波 $u_r$ 和三角载波信号 $u_c$ 相比较的方法，通过选择适当的工作方式和工作时间间隔，对图4-30中的 V1～V4 进行 SPWM 控制，即可在交流输入端 ab 产生 SPWM 波 $u_{ab}$，如图4-31所示。

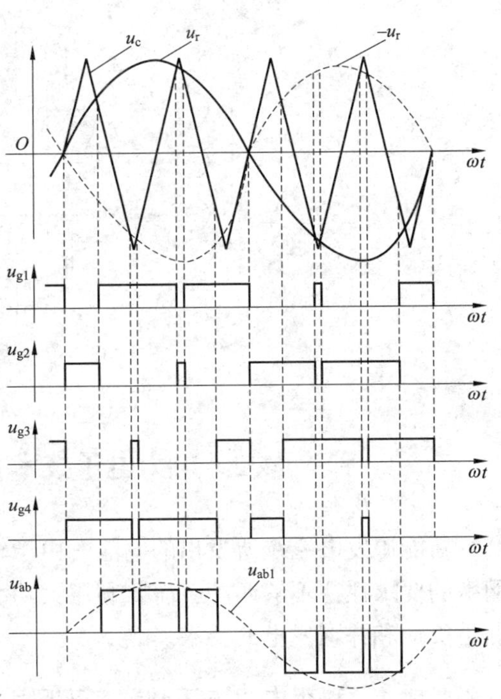

图4-31　电压型单相 PWM 整流电路工作波形

$u_{ab}$ 中含有和正弦信号波同频率且幅值成比例的基波分量，以及和三角波载波有关的频率很高的谐波，但不含有低次谐波，在交流侧输入电感 $L_s$ 的作用下，高次谐波造成的电流脉动被滤除。$u_{ab}$ 与交流电流的正弦电压 $u_s$ 共同作用于输入电感 $L_s$，产生正弦输入电流 $i_s$，当正弦信号波 $u_r$ 与电源 $u_s$ 同频率时，交流侧输入电流 $i_s$ 也是与电源同频率的正弦波。当 $u_s$ 一定时，$i_s$ 的幅值和相位仅由 $u_{ab}$ 中基波分量 $u_{ab1}$ 的幅值及其与 $u_s$ 的相位差决定，因此只要通过控制整流器交流侧电压 $u_{ab}$ 的幅值和相位，就可获得所需大小和相位的输入电流 $i_s$。交流电源电压相量 $\dot{U}_s$、电感 $L_s$ 上电压相量 $\dot{U}_L$、电阻 $R_s$ 上电压相量 $\dot{U}_R$、电压 $u_{ab1}$ 的相量 $\dot{U}_{ab}$ 和交流电流 $i_s$ 的相量 $\dot{I}_s$ 的矢量关系如图4-32所示：(a) 中

控制 $\dot{U}_{ab}$ 滞后 $\dot{U}_s$ 一个 $\delta$ 角，并确保 $\dot{I}_s$ 与 $\dot{U}_s$ 同相位，交流侧功率因数等于 1，能量由交流侧送到直流侧，为 PWM 整流状态；（b）中控制 $\dot{U}_{ab}$ 超前 $\dot{U}_s$ 一个 $\delta$ 角，并确保 $\dot{I}_s$ 与 $\dot{U}_s$ 正好反相，交流侧功率因数为 1，但能量由直流侧送到交流侧，为 PWM 逆变状态。可见对于这种单相桥式 PWM 整流电路，只要控制 $\dot{U}_{ab}$ 的幅值、相位，就可方便地实现能量的双向流动[11]。

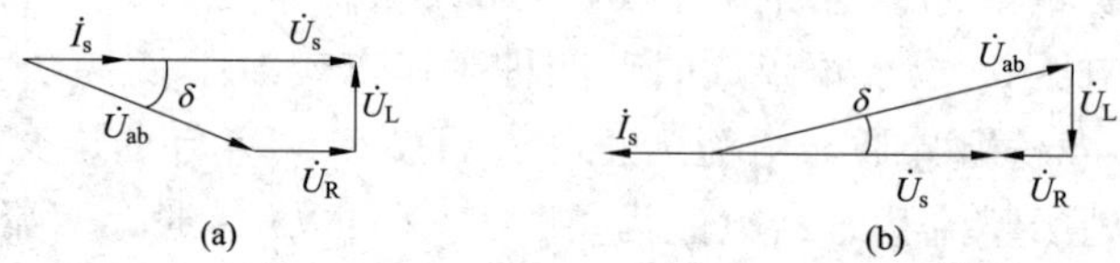


图 4-32 电压型单相 PWM 整流电路运行方式相量图

（a）整流工况；（b）逆变工况

电压型三相全桥 PWM 整流电路如图 4-33 所示，其工作原理与单相桥式 PWM 整流电路相似，仅是从单相扩展到三相[4]。对 6 个全控器件按一定要求和方式进行控制，在交流输入端 abc 可得到 SPWM 电压。对各相电压按图 4-32 相量图进行控制，就可以获得接近单位功率因数的三相正弦电流输入。三相全桥电路同样也可以工作在逆变状态。

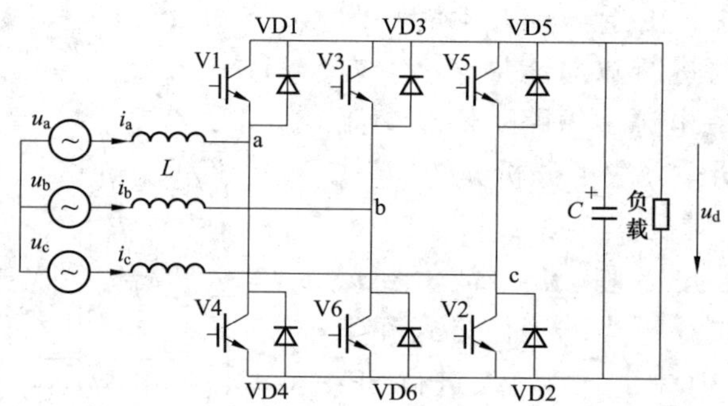


图 4-33 电压型三相全桥 PWM 整流电路

## 4.2 电力电子技术在新能源并网发电中的应用

新能源发电系统所发出的电能，由于输出电压、频率和功率不稳定等问题，与现有电力网络的要求往往不够匹配，需要利用大功率电力电子变换转置，对其进行变换和控制，使之满足负荷和并网发电的要求。

### 4.2.1 利用电力电子装置实现风力发电的并网

风力发电机输出的功率随风速的变化而波动，具有随机性的特点，影响着所发电能的质量；异步发电机并网瞬间产生的较大的冲击电流，会对发电机和电网造成不利影响。随着电力电子并网装置在系统中的应用，风力发电系统的这些缺点正日益得到改善。

1. 恒速恒频异步风力发电机的晶闸管软并网技术

为了减小异步风力发电机并网过程中出现的冲击电流，避免并网瞬间电网电压的大幅下降，以得到一个较为平稳的并网过渡过程，提高系统的稳定性，目前恒速异步风力发电机组普遍采用双向晶闸管的软并网技术。

异步风力发电机软并网系统的总体结构如图 4-34 所示，软并网装置由三对反并联或双向晶闸管及其保护电路组成。三对晶闸管串接在发电机出线与电网间，每相晶闸管两端并联有阻容 RC1、RC2、RC3 吸收保护回路，以吸收开关器件动作过程中可能产生的瞬间尖峰电压避免其对晶闸管造成的损害[12]。

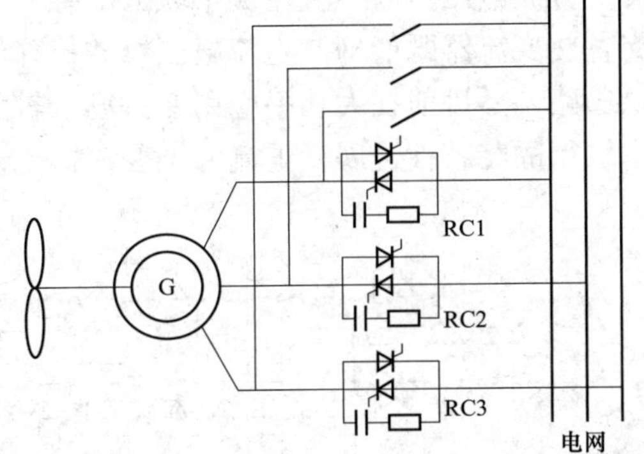


图 4-34　异步风力发电机经晶闸管软并网

2. 双馈异步发电机的并网变流器

变速恒频双馈异步发电机定子绕组与电网直接相联，承担电机的大部分功率转换，转子绕组则通过电力电子变换器与电网连接。发电机转速跟随风速的变化而变化，连接在转子与电网之间的并网变换器根据矢量控制策略计算的参考值，控制传给转子励磁电流的频率、幅值和相位以保证双馈发电机在变速运行时向电网输出频率恒定的电能。

流经变流器的发电机转差功率一般不超过发电机额定功率的 30%，变流器容量亦仅为发电机额定容量的 30%左右。由于流经发电机转子的电能可以双向流动，需要转子变流器为双向变流器。目前用于双馈风力发电机组的变流器拓扑结构主要有交-交变频器（AC-AC）、交-直-交变流器（AC-DC-AC）和矩阵变换器等几种类型[13]。

（1）交-交变频器。交-交变频器将电网工频交流电不经中间直流环节，直接转换成频率电压可调的交流电，一般采用反并联的晶闸管相控整流电路构成，通过改变两组整流器的切换频率直接改变输出电流的频率；通过改变晶闸管的触发控制角改变输出交流电压的幅值。

常用的 6 脉波交-交变频器由正反组共 36 个晶闸管组成，每相由 12 个晶闸管组成两组反并联的三相桥式电路，并且每一相都对应着三相输入。通过调整变频器每相正反组桥式电路触发角，使交-交变频器三相输出电压接近正弦、相差 120°、频率可调的交流电作为双馈异步发电机的励磁电流。除 6 脉波 36 个晶闸管构成的交-交变频器，还有 12 脉波 72 管的交-交变频器等[13]。

交-交变频器没有直流环节，主回路简单，变换损耗小、效率高，大功率的晶闸管的采用使其能够满足大功率风电并网的要求；但其使用的开关元件数量众多，变频器从电网吸收无功功率，输入侧功率因数偏低，并且开关频率低，输出谐波含量高，应用受到了一定限制[13]。目前其在大功率变速风力发电机组中的工程应用不多，开发新型的具有优良控制性能和输入电流品质，并且结构紧凑、性能可靠的交-交变频器是其当前的研究发展趋势。

（2）交-直-交变流器。交-直-交变流器由整流环节、储能元件和逆变环节组成。如当双馈异步发电机组工作于次同步发电状态时，网侧变流器工作于整流状态，将工频交流电整流成直流；中间的直流电路对整流电路的输出进行平滑滤波；与转子电路相连的机侧变流器工作于逆变状态，将直流电转换为电压、频率可调的交流电作为转子励磁电流。

根据直流侧储能环节类型的不同，交-直-交变流器可分为电压源型交直交变流器和电流源型交直交变流器，如图 4-35 所示。前者直流侧并联大电容，直流电压近似恒定，输出交变方波电压；后者直流侧串联大电感，直流电流近似恒定，输出交变方波电流。电压源型交直交变流器既能抑制直流电压纹波，降低直流电源内阻，又能为来自交流侧的无功电流提供通路，是目前在大功率应用变流场合较为广泛应用的拓扑结构。随着近年来国内外超导技术取得的突破性进展，电流源型变流器也成为今后研究的热点方向之一[14]。

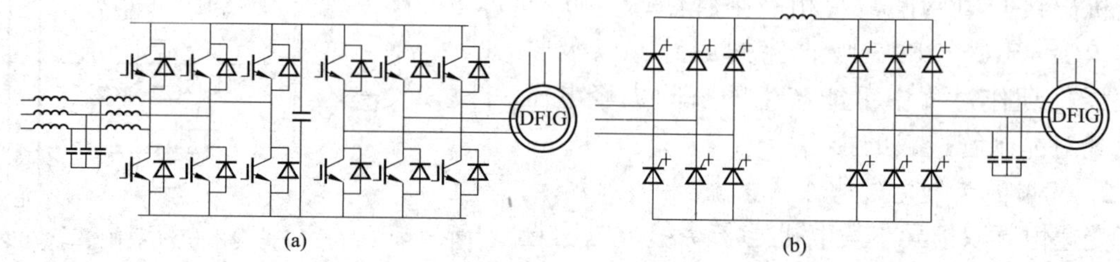


图 4-35 交-直-交变流器拓扑结构

（a）电压源型交-直-交变流器；（b）电流源型交-直-交变流器

普通交-直-交变流器整流电路可采用不控整流器或相控整流器，逆变电路一般采用晶闸管逆变方案，变流器输出矩形波，谐波含量高，功率因数低，结构复杂且响应缓慢[15]。

采用基于正弦波脉宽调制技术控制，并以全控型功率器件（主要是 P-MOSFET 和 IGBT）取代晶闸管或二极管的双 PWM 全控变流器，能大大减小网侧谐波，并且传输特性好，对电网和双馈发电机的不良影响较小[16]，日渐成为兆瓦级大型双馈异步风力发电机组的主流变流器。

PWM 控制技术利用半导体开关器件的导通关断，把直流或交流电压转换为电压脉冲序列，控制电压脉冲的宽度和脉冲序列的周期以达到变压或变频的目的。电压源型双 PWM 变流器双馈风力发电机组拓扑结构如图 4-36 所示，变流器由两个结构相同相对独立工作的电压型三相 PWM 变流器通过直流母线连接而成。两个变换器分别称作电网侧 PWM 变流器和转子侧 PWM 变流器，故也称作“背靠背”变流器（Back-to-Back Converter）。传统上一般采用对网侧变流器和转子侧变流器分开进行控制的策略：网侧 PWM 整流器主要实现稳定直流环节电压、改善变流器网侧功率因数和减少谐波的任务；转子侧 PWM 变流器向转子绕组馈入所需的励磁电流，承担着完成双馈感应发电机的矢量控制任务，确保对双馈发电机输出的有功功率和无功功率的解耦控制，并根据风速的变化实现最大风能捕获[17]。

背靠背 PWM 变流器的两个变换器均可在整流-逆变和逆变-整流状态间实现可逆运行，以实现能量的双向流动。当双馈感应发电机运行于次同步状态时，网侧 PWM 变流器运行在整流状态，转子侧 PWM 变流器运行在逆变状态，有功功率从电网馈入转子，网侧变流器保持单位功率因数整流状态，同时保持直流侧电容上的电压为恒定值；当双馈异步发电机运行于超同步状态时，转子向电网输出有功功率，转子侧 PWM 变流器工作于整流器状态，网侧 PWM 变流器工作在单位功率因数有源逆变状态，将能量回馈到电网，同样保持直流侧电容上的电压为恒定值。其直流环节配置的电容可以发出一定大小的无功功率，具有较强的无功功率控制能力。

在风力发电机组并网之前空载运行时，转子侧 PWM 变流器向双馈异步发电机输入一定无功功率进行励磁；发电机组并网后，转子侧变流器根据功率因数要求，与发电机转子进行

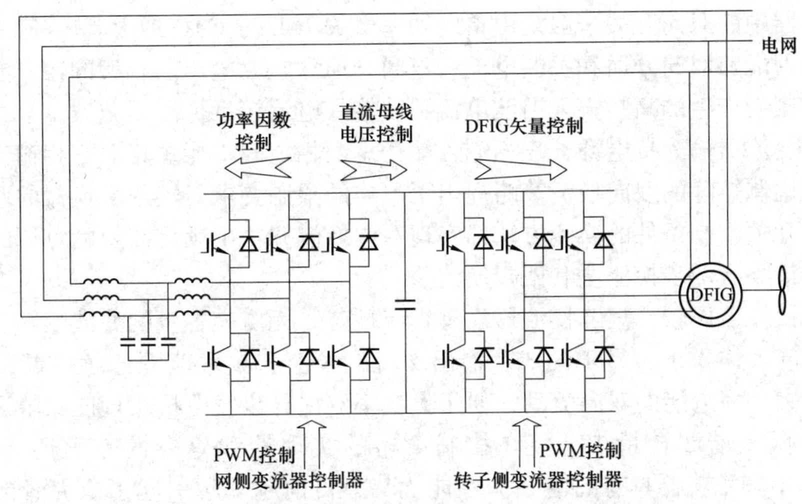


图 4-36　电压源型双 PWM 变流器双馈风力发电机组拓扑结构

一定有功、无功的传输[16]。

网侧和转子侧变流器功能的实现依靠的是合适的控制策略和算法。借助成熟的 PWM 控制技术，双 PWM 变流器方案已经非常成熟，技术上实现可靠，目前已逐步广泛应用于兆瓦级大型双馈异步风力发电机组。现亦有研究采用将网侧变流器与转子侧变流器控制算法结合起来的新型控制策略，如协调控制方法、联合控制方法等，实现变流器对整流部分和逆变部分进行关联、协调控制。

（3）矩阵变流器（Matrix Converter，MC）。为了避免像交-交变流器那样引入过多谐波，同时省去交-直-交变流器中的直流储能环节以减小变流器体积并提高变换效率，L. Gyugyi 和 B. R. Pellu 于 1976 年首次提出了矩阵变流器的学术构想。

使用矩阵式变流器的双馈异步风电机组拓扑结构如图 4-37 所示。从其输入输出看，矩阵式变流器属于 AC-AC 直接变流器，它使用 9 个双向开关排成 3×3 的开关矩阵，称作开关调制矩阵，接于三相输入和三相输出的交点处。输入端接三相电网，输出端接双馈感应发电机转子电路。其基本原理是通过快速控制各开关管的开通与关断，即改变输入相与输出相的连接方式以决定变流器输入输出的变换关系，对输出交流电的幅值和频率进行控制[18]。

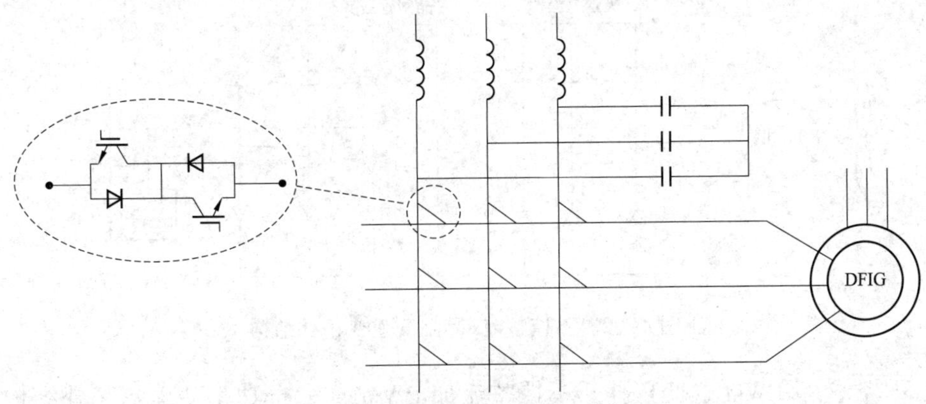


图 4-37　矩阵变换器拓扑结构

矩阵变换器中的双向开关一般是由单向功率开关 IGBT、GTO 或 P-MOSFET 组合而成的四象限开关，即能够双向开通和关断电流、双向开通和阻断电压。小型的输入滤波器用于滤除由于高频调制而产生的高频输入谐波电流，使输入电流接近标准正弦波。

由于矩阵变流器输入接电源，三相输入端任意两相之间不能短路；三相输出端任意一相不能断路，对调制矩阵的双向换流策略提出了严格的限制要求。矩阵变换器的基本控制策略就是采用满足开关限制条件的换流方法，实现双向换流并输出满足需要的可调的交流电。目前常用的换流策略有两步换流法和四步换流法。

与传统的换流器比较，矩阵换流器没有直流环节，无需大容量的滤波电容，因此动态响应快，结构紧凑、体积小，易于集成；输出交流电幅值和频率范围连续可调，控制自由度大；能够实现大功率电能的双向流动，便于大功率双馈异步发电机实现四象限运行；输入功率因数可调，低次谐波含量少，但在控制策略的实现性和鲁棒性方面还有待进一步研究[19,21]。由于矩阵变流器具有的潜在的性能优势，目前越来越引起了研究者的重视，对其的应用研究也日趋成熟。

3. 直驱永磁同步风力发电机组的并网变流

直驱同步风力发电机定子绕组经并网变流器连接至电网，将定子输出的随风速、风向变化的变频电功率转化为与电网同频的电功率。与双馈异步风力发电机不同，永磁同步发电机所发出的功率全部经变流器变换注入电网，故变流装置也称全功率变流器。直驱同步风力发电系统全功率变流器的拓扑结构形式众多，控制策略也各不相同，常见的拓扑结构包括以下几种[20~22]。

（1）不控整流+晶闸管逆变拓扑结构。如图 4-38 所示拓扑结构，同步发电机定子接二极管整流桥，网侧变流器则采用由晶闸管组成的三相桥电路。由于机侧采用的是不控整流，直流母线电压完全由机端电压决定，只需对网侧变换器进行控制，控制相对简单。但网侧变流器在工作时需要吸收无功功率，一般需要安装补偿装置进行无功补偿；而机侧由于采用了二极管整流方式，同步发电机定子电流谐波含量较高，并且当风速较低时直流母线电压相应变低，造成网侧变流器运行性能变差，一般需要机组停止工作。因此采用这类拓扑结构的变流器，风力机转速运行范围较小，风能利用效率较低。早期由于晶闸管功率等级高、可靠性高、成本低等优点，此种结构的变流器在风电系统中有过一定的应用。

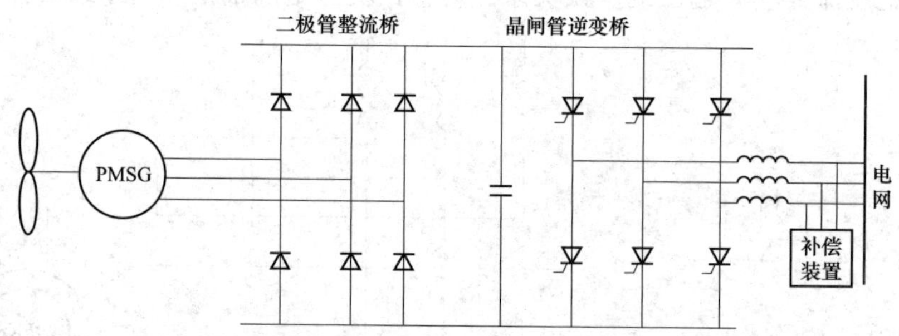


图 4-38 不控整流+晶闸管逆变拓扑结构

（2）不控整流+PWM 逆变拓扑。不控整流加 PWM 逆变全功率变流器拓扑结构如图 4-39 所示，同步发电机定子接二极管整流桥，经由 IGBT 组成的 PWM 网侧逆变器将能量输送到电网。较之晶闸管，IGBT 为全控型开关器件，可以通过采用合适的控制策略如矢量控制方式等，实现有功无功的解耦、单位功率因数的控制等。另外还可以通过测量风速和改变发电机转速来调节网侧变换器的给定功率，从而实现最大功率点跟踪，提高风电机组的效率。

同样地，PWM 逆变器输入电压为不可控整流器的输出，由于发电机在不同转速下输出电压不同，导致逆变器输入侧的直流电压也随之波动。特别是风速较低时，与风力机最大输出功率点相对应的转速也更低，此时直流侧输出电压也较低，有可能达不到三相 PWM 变换器并网控制中所要求的母线电压，无法将电能逆变到电网。因此这类拓扑结构变流器的风力机转速运行范围通常较小、逆变器运行效率低、发电机运行性能差。

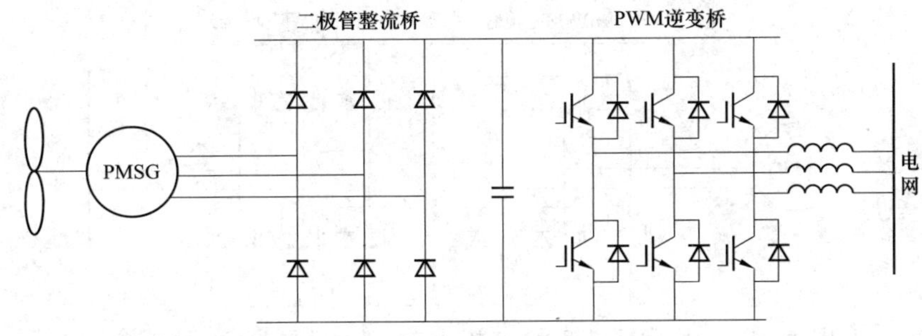


图 4-39　不控整流+PWM 逆变拓扑结构

（3）不控整流+Boost 升压+PWM 逆变拓扑。此种变流装置拓扑结构如图 4-40 所示，永磁同步发电机定子同样接二极管整流桥进行整流，将电压、频率变化的三相交流电转换为直流电，再由 Boost 斩波电路进行升压，最后由网侧 PWM 逆变器将输入的直流电转换为频率、幅值与电网相一致的三相交流电，并入电网。

Boost 变换器一般由电感、开关管和滤波电容组成，输入侧有储能电感，能够减小输入的电流纹波；输出侧有滤波电容，能够减小输出电压纹波。通过 Boost 电路将直流母线电压升高并稳定在合适范围，即使风速较低也能保证同步风力发电并网发电，拓宽了机组的转速运行范围，提高了风力发电机的运行效率。同时 Boost 变换器能够控制电感电流，保持输入电流为正弦，并使其基波跟随输入电压相位，保证输入电能功率因数接近 1，实现发电机输出电能的功率因数校正（Power Factor Correction，PFC）。这样既降低了损耗，提高了发电机的运行效率，又减小了发电机的转矩脉动，降低了发电机的运行噪声。但由于在系统容量较高的应用场合，设计可靠高效的大功率 Boost 电路存在一些困难，在一定程度上限制了此种结构的变流器在直驱永磁风力发电机组中的应用。较之背靠背双 PWM 变换器方案，这种拓扑结构相对成本较低，因此在较小功率的直驱风力发电工程中得到较多应用。德国 ENERCON 公司的直驱型风电系统 E82，国内合肥阳光电源的并网风电变流器 WG100K3 都采用了此种拓扑结构。

（4）背靠背双 PWM 方案。永磁直驱同步发电机组接双 PWM 变流器拓扑结构如图 4-41 所示，机侧变流器和网侧变流器结构相同，都采用由全控型器件 IGBT 或 GTO 构成的三相桥，即背靠背型 PWM 变流器。发电机发出的频率、幅值变化的三相交流电经机侧 PWM 变换器整流为直流电后，再由网侧 PWM 变换器逆变为与电网频率、幅值一致的交流电流入电网。

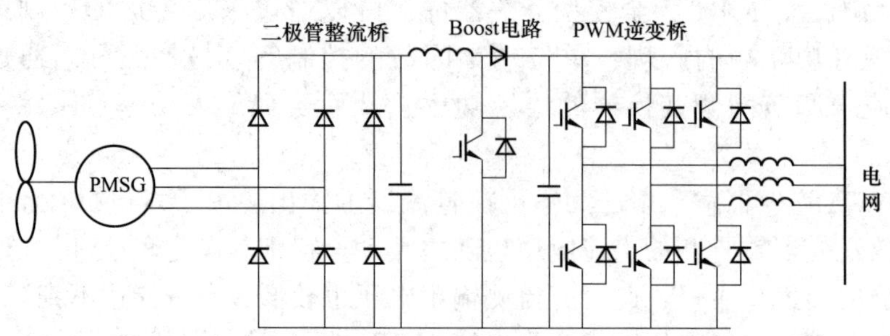


图 4-40 不控整流+Boost 升压+PWM 逆变拓扑

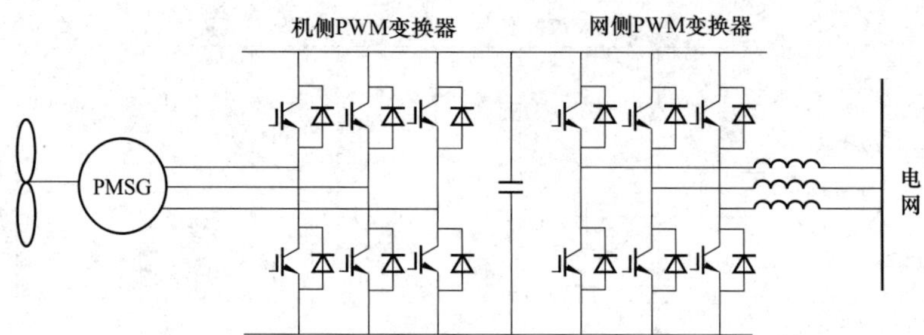


图 4-41 采用背靠背双 PWM 拓扑结构的直驱同步发电机系统

机侧 PWM 变换流通过对同步发电机功率、转速、转矩的控制，实现发电机变速运行和最大功率点跟踪；采用 PWM 调制实现升压功能，发电机可以在很宽的风速范围内运行，改善风能捕获的效率；采用合适的控制策略控制发电机输出正弦电流，减小谐波含量。网侧变流器维持直流母线电压稳定，实现有功无功输出的解耦控制，控制流向电网的无功功率，灵活调节网侧功率因数。另外，双 PWM 变流器的能量可以双向流动，大大提高了发电机控制的灵活性，还可以研究利用更多的先进控制策略来提高系统的整体性能。

随着可控半导体功率器件技术的不断发展和开关器件价格的不断下降，背靠背双 PWM 变流逐渐成为直驱同步风力发电系统中比较主流的拓扑方案。在较早开始风电开发技术研究的欧美国家，双 PWM 全功率变流器控制技术比较成熟，荷兰 zephyros、日本三菱公司都有此类型风电机组产品；国内新疆金风、哈尔滨九洲公司等也生产有此类产品。

除了上述几种常见的拓扑以外，永磁直驱风力发电系统全功率变流器的拓扑结构还有二极管钳位型多电平拓扑、电容钳位型多电平拓扑、H 桥级联型多电平拓扑以及矩阵变换器型等。各类全功率变流器各有优缺点，目前在直驱式风电系统中投入商业化运行的变流器主要还是不控整流+Boost+PWM 逆变拓扑方案和背靠背双 PWM 全功率变流器及其变形。

### 4.2.2 光伏发电并网逆变器

并网型太阳能光伏并网发电系统由太阳能光伏阵列、逆变器和控制器组成，逆变器是实现光伏阵列与电网间进行能量交换的关键环节。并网逆变器不仅要将光伏电池阵列发出的直流电逆变为正弦交流电注入电网，同时还对输出的交流电频率、电压、相位、有功、无功、电能质量（电压波动、高次谐波）等进行控制，以保证光伏发电系统的安全可靠并网。并网逆变器实际上是一个有源逆变器，它的设计是光伏并网发电系统的核心内容和关键技术。

与一般的有源逆变器一样，根据直流侧电源的性质，光伏并网逆变器可分为电压源型（VSTI）和电流源型（CSTI）。电压源型逆变器采用电容作为储能元件，在直流输入侧并联大电容用作无功功率缓冲环节，如图4-42（a）所示；电流型逆变器直流侧串联大电感作为无功元件储存无功功率，提供稳定的直流电流输入，电路结构如图4-42（b）所示。由于电流型逆变器串入的大电感会导致系统动态响应变差，目前大部分并网逆变器均采用以电压源输入为主的方式[23]。

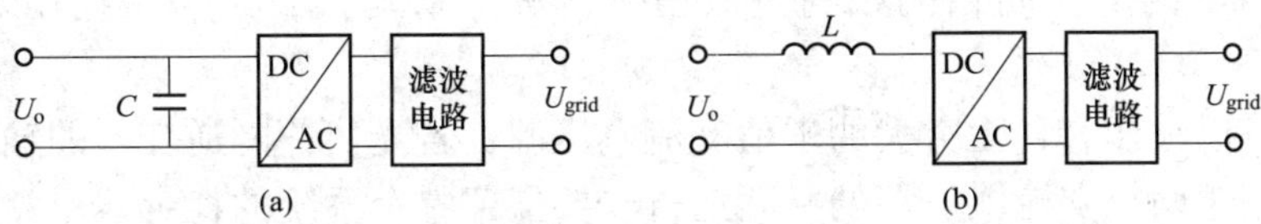


图4-42 光伏并网逆变器

（a）电压源型逆变器；（b）电流源型逆变器

1. 光伏发电系统对并网逆变器的技术要求

光伏并网逆变器需要控制光伏阵列模块运行于最大功率输出状态并与电网安全稳定连接，因此光伏发电系统对其的要求主要包括[24~28]：

（1）由于联入电网，逆变器的电能输出必须满足电网对电能质量的要求。为了避免光伏发电并网系统对电网的谐波污染，并网逆变器应输出失真度小的正弦波，并保证输出的电流频率和相位与公共电网一致。影响波形失真度的主要因素是逆变器的开关频率，工程实际中广泛通过在逆变系统中采用高速DSP等新型处理器来提高并网逆变器的开关频率性能。另外要根据系统容量大小为逆变器选择合适的功率元器件类型。

（2）据IEEE 1547和相关标准，光伏并网逆变器需要具有防孤岛效应的功能。非计划孤岛会严重影响电力系统的安全正常运行并对设备和人员的安全带来严重的隐患。防孤岛效应的关键在于对电网断电情况的快速检测，基于逆变器的防孤岛效应保护方案分主动式防孤岛保护方案和被动式防孤岛保护方案。被动式方案通过检测光伏发电系统输出功率、频率等变化率的增大来检测孤岛效应；主动式方案通过对逆变器的输出进行主动干扰来监控系统出现的不稳定，以检测孤岛效应的发生。

（3）能实现最大功率点跟踪（MPPT）。光伏阵列的输出功率与日照强度、环境温度、负载变化密切相关，为了最大限度地利用光伏阵列，提高系统效率，需要实时改变系统的工作状态，通过逆变器的调节使光伏阵列输出电压趋近于最大功率点输出电压，跟踪光伏阵列的最大工作点而获得最大的功率输出。最大功率点跟踪依赖于简单、高稳定性的控制算法的实现，如3.2.3节所述，常用的最大功率点跟踪方法有定电压跟踪法、导纳增量法等。

（4）能够满足用户对逆变器体积小、成本低、功耗低、效率高、安全可靠性高等要求。在自然条件恶劣地区安装运行时，光伏并网逆变器应能够在长时间工作条件下保证较低的故障率，因此其应具有合理的电路结构与严格的器件筛选。逆变器还要有对输入直流极性反接、交流输出短接、直流过电压保护、交流过电压和欠电压保护等各种情况的保护功能，以保证系统运行的可靠性。

2. 光伏并网逆变器的控制目标与策略[29~31]

光伏并网逆变器的控制目标是控制逆变电路输出稳定、高品质的正弦波交流电，并与公共电网电压同频率、同相位。根据光伏并网的技术规程，为了减小对公共电网的污染同时最大限度地利用逆变器容量，一般要求并网逆变系统的功率因数接近 1，即逆变系统输出的电流和电网电压同相位。

光伏并网逆变器与电网并网运行的输出控制模式有电压型控制模式和电流型控制模式两种。电压型控制模式控制逆变器的输出电压，系统输出与电网电压同相同频的电压信号，整个光伏发电系统相当于一个内阻很小的受控电压源；电流型控制模式以输出电流作为受控制量，系统输出与电网电流同相同频的电流信号，整个系统相当于一个内阻较大的受控电流源。

公共电网可以视作容量无穷大的定值交流电压源，若光伏并网逆变器的输出采用电压控制方式，就相当于两个交流电压源的并联运行。要保证整个系统的稳定运行，必须使用锁相控制技术使逆变器输出电压的幅值、频率和相位与公共电网完全一致，但存在着输出电压不易精确控制且锁相控制器响应较慢等问题。采用输出电流控制的并网逆变器，光伏并网系统和电网实际上是交流电流源和无穷大电压源的并联，逆变器的输出电压自动被钳位为电网电压。采用控制策略控制逆变器输出电流的频率、相位跟踪电网电压的频率、相位，控制逆变输出电流与电网电压同频同相，则系统的功率因数为 1，即可达到电流源与电压源并联运行的目的。实际应用中，还可以通过调整并网系统输出电流的大小和相位来控制系统的有功输出与无功输出。这种控制方法相对简单，使用比较广泛。

正常运行时，三相对称的光伏发电并网系统可以用单相电路来等效，如图 4-43（a）所示，$L$ 是并网逆变器的输出滤波电感，忽略了其上的等效电阻；$\dot{U}_o$ 为并网逆变器交流侧输出电压；$\dot{I}$ 为并网电流；$\dot{U}_{grid}$ 是公共电网电压。以电网电压 $\dot{U}_{grid}$ 为参考，逆变系统在单位功率因数运行时，各矢量关系如图 4-43（b）所示。

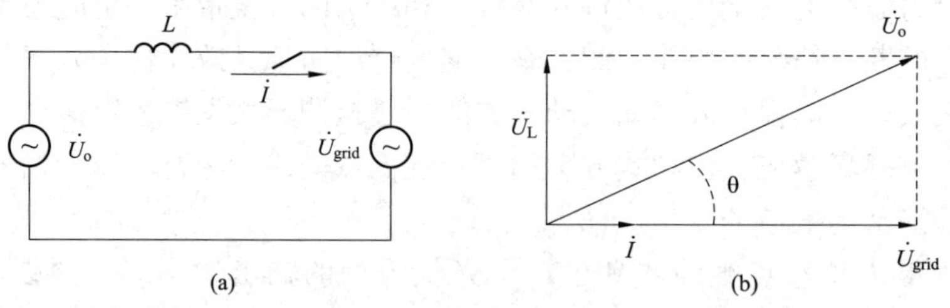


图 4-43 光伏发电系统并网工作的等效电路和矢量关系图
（a）等效电路；（b）电压电流矢量图

由等效电路可知：

$$\dot{U}_o=\dot{U}_{grid}+j\omega L\dot{I} \tag{4-4}$$

其中 $\omega$ 为公共电网角频率。可见，由于滤波电抗 $\omega L$ 的存在，为了达到逆变器输出电流 $\dot{I}$ 与电网电压 $\dot{U}_{grid}$ 同相位的目标，逆变器输出电压 $\dot{U}_o$ 应超前于电网电压。因此可以通过对并网逆变器输出电流 $\dot{I}$ 的控制完成对交流侧功率因数、输出功率的控制。

根据对输出电流控制策略的不同，并网电流控制技术分为[32]：

（1）间接电流控制方式。根据并网理论中的电压、电流间的相量关系，调节逆变器的输出电压的幅值、相位使并网电流为给定参考电流，也称作幅相控制。该方法无须检测并网电流，但动态响应慢、对系统参数变换敏感。

(2) 直接电流控制方式。运算得出并网电流参考值，引入实际的并网电流反馈，构造并网电流闭环控制系统，通过对交流电流的直接控制，使其跟踪指令电流值。直接电流控制具有控制电路相对简单、对系统参数的依赖性低、电流控制的鲁棒性强等优点。

在控制手段上，随着各种高速数字信号处理器 DSP 的出现，将先进的数字控制技术应用到并网逆变器的控制中的研究越来越多。相应的，各种各样的离散控制算法也纷纷涌现，包括数字 PID 控制、无差拍控制、数字滑变结构控制、模糊控制以及各种神经网络控制等。

3. 光伏并网逆变器拓扑结构

最早出现的光伏并网逆变器都是如图 4-44 所示的单级逆变拓扑结构，光伏电池阵列产生的直流电直接经过一级 DC-AC 逆变直接联入电网。如图 4-45 所示的单级无变压器电压型逆变结构。由于受早期功率开关器件发展水平的限制，逆变系统的输出功率因数比较低、输出电流谐波含量高。随着电力电子开关器件的发展，高频器件 P-MOSFET、IGBT 等逐步取代了并网换相的晶闸管。单级全控开关全桥并网逆变结构如图 4-45 (b) 所示，PWM 控制的全桥逆变电路和高频开关电子器件的应用使之具有良好的输出谐波控制能力[33]。

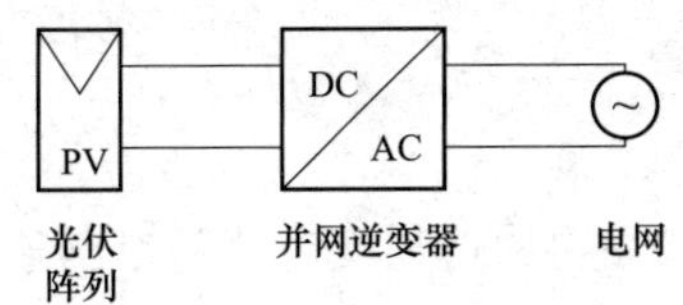

图 4-44　光伏系统单级式并网逆变结构

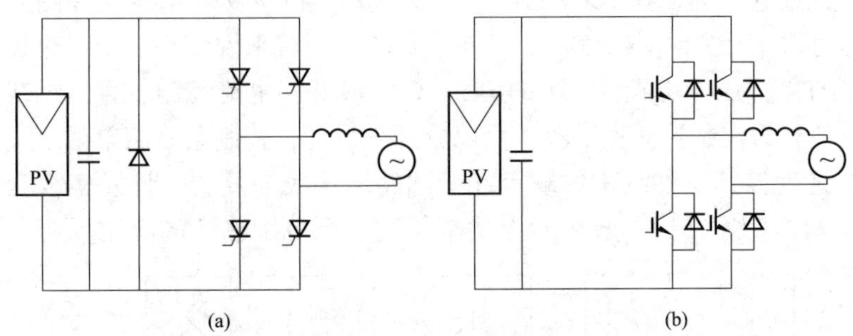

图 4-45　单级无变压器全桥结构的光伏逆变拓扑
(a) 晶闸管桥式逆变结构；(b) 全控型开关全桥逆变结构

无隔离变压器的单级式光伏并网逆变器结构简单、体积质量小、造价低，能量变换环节少，能量耗损小；但只有一级功率转换器，在进行功率转换时，必须同时完成诸如并网电流控制、最大功率点跟踪等所有的控制功能，逆变器的控制算法较复杂，并且直流侧电压范围变化比较小[28]。当直流输入电压较低时，为了完成并网逆变要求可以采用带工频变压器升压的结构，如图 4-46 所示，光伏阵列输出的直流电经 DC-AC 逆变为交流后，由工频变压器将其升至电网电压并网，同时实现光伏发电系统与电网的电气隔离及将逆变器输出中的直流分量进行滤除的功能。由于逆变器在低压侧，逆变桥可以采用低压高频开关功率元件，如 P-MOSFET；在低压侧实现逆变器的控制策略也更为方便。

工频变压器体积大、质量大、成本高、效率低，这种结构主要用于功率较小的光伏发电系统。集中式大容量的光伏发电系统中一般采用高频变压器取代工频变压器以实现高功率密度的逆变，逆变器结构也由单级式向多级式发展。

多级式结构是指光伏阵列输出的电能经过 DC-DC 升降压变换，或 DC-AC-DC 的多重转

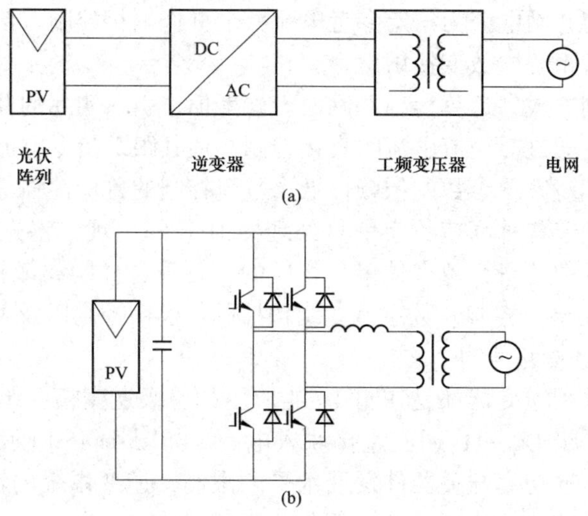


图 4-46　带工频变压器的光伏逆变结构
（a）系统组成；（b）系统拓扑

化，最后再通过逆变电路与电网连接。典型的多级高频变压器式光伏逆变系统结构如图 4-47 所示，光伏电池输出的直流电由高频逆变后经过高频变压器变成高频交流电，再经高频整流滤波电路得到高压直流电（通常在 300V 以上），最后由工频逆变电路逆变并网。高频升压变压器采用高频磁芯材料，工作频率在 20kHz 以上，其体积相对来说较小、质量也比较小；前级的 DC-AC 完成 MPPT、升压等功能，后级的 DC-AC 完成并网电流控制、直流母线稳压及孤岛检测等，两者具有独立的控制目标和手段，可以分开来设计，控制策略简单易于实现。

较之单级式逆变器，这种结构的缺点在于回路结构较为复杂，且经多级变换，转换效率比较低。多级逆变器变换结构一般用于大功率、宽电压范围输入的应用场合。

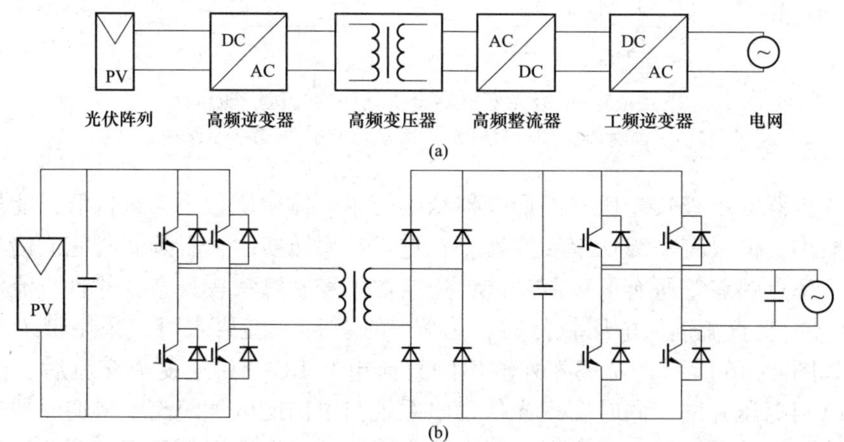


图 4-47　多级带高频变压器的光伏逆变系统结构
（a）系统组成；（b）系统拓扑

在主开关功率元件的选择上，低压小容量系统一般使用具有较低通态压降和较高开关频率的功率场效应管 P-MOSFET。但随着电压的升高，P-MOSFET 通态压降呈线性增大，故在高压大容量系统中多采用绝缘栅双极晶体管 IGBT[28]。IGBT 兼具功率场效应管和大功率双极晶体管的优点，拥有高的输入阻抗以及阻断电压、快的通断速度、大的容量等特点。而对于特大容量系统，则使用可关断晶闸管 GTO 作为逆变器的功率元件。新的比较昂贵的电力电子开关器件，如导通损耗小、抗电磁干扰能力强的 SiC 肖特基二极管，也正在越来越多地被应用在光伏逆变器的设计中。

另外按逆变器的电路形式，并网逆变器还可以分为推挽逆变器、半桥逆变器和全桥逆变器；按光伏系统并网连接结构，还可分为集中型、组串型、模块集成型等。

随着电力电子器件的发展、数字信号处理技术与大规模集成电路的应用以及先进控制策略的提出，光伏并网逆变器技术也在不断发展。元器件的低导通损耗、快速化和智能化提高了并网逆变器的可靠性与效率；数字信号处理技术和集成电路的应用使先进控制策略应用于光伏并网控制成为可能，有助于减少并网逆变器输出的谐波含量，改善输出波形；更加优化的先进控制策略的研究有助于提高系统的动态响应性能，实现智能控制。并网型逆变器的发展必将沿着高频化、数字化、智能化的方向进行。

## 4.3　新能源发电储能系统中的电力电子技术

由于太阳能、风能等新能源受自然环境和气候条件的影响较大，具有随机性和间歇性的特点，其发电的稳定性与持续供电能力都比较差。这必然给新能源发电并网后电力系统的实时功率平衡、保持电网安全稳定运行及保障用户的电能质量等各方面都带来一定的负面影响。

大量研究表明，在系统中建设一定容量的储能系统（Energy Storage System，ESS），当系统电能富足的时候进行能量存储；在电能出现缺额的情况下，能够将之前所储存的能量转化为电能进行补足，这是平滑新能源发电系统的功率输出、提高系统可靠性、降低新能源对系统不良影响的行之有效的办法，同时也能够大大提高能源利用的经济性与效率。

作为新能源发电系统的能量缓冲，各种储能装置都须经能量转换系统（Power Conversion System，PCS）与交流电网相联。包含储能系统的新能源发电系统结构如图 4-48 所示，

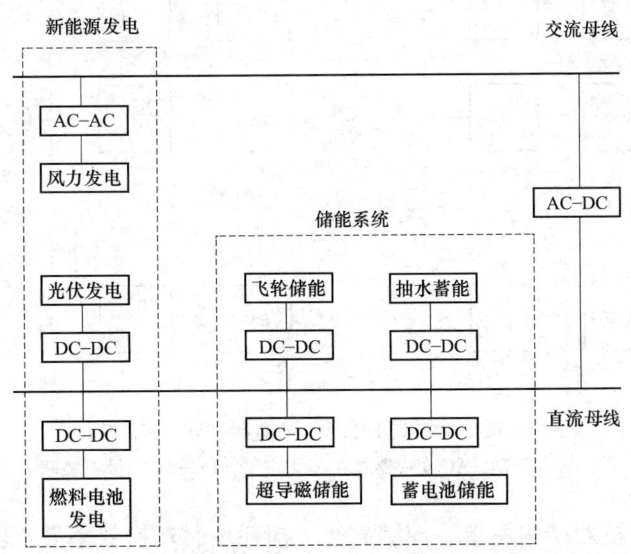


图 4-48　包括储能系统的新能源发电系统结构

能量转换系统是电网与储能介质之间的接口（如图4-49所示）。PCS实质是大功率储能变换器，通过其进行储能系统与电网之间的双向能量传递，同时实现充放电控制、功率的调节控制等功能。现代电力电子技术的快速发展，为新能源发电系统中储能装置的能量交换提供了灵活的接口，使得高电压、大功率能量交换装置的生产和应用成为现实。

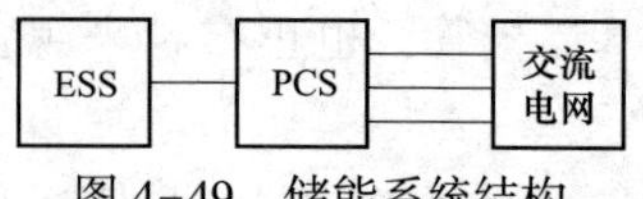


图4-49 储能系统结构

### 4.3.1 储能变换器的结构

储能变换器的电路拓扑按级联环节可以分为单级式结构和多级式结构[34]。单级式储能变流器结构如图4-50所示，仅由一个双向DC-AC环节构成，变换器可以工作于整流状态也可以工作于逆变状态，实现能量在储能系统与交流电网间的双向流动。

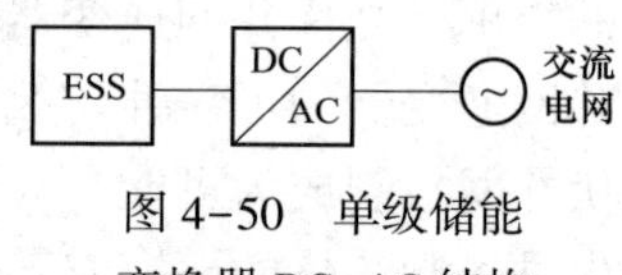


图4-50 单级储能变换器DC-AC结构

高功率、大容量储能的PCS一般需要连接电压等级较高的交流电网，当储能装置的电压等级较低时传统上有两种解决方式：一种是在PCS直流侧将储能元件进行一定形式的串并联构成储能阵列，但储能元件的串并联，需要解决均流、一致性等问题，增加了系统的控制难度。另一种是PCS的交流侧先经工频变压器升压后再接入电网，如图4-51所示，但工频变压器体积大、成本较高且效率低。

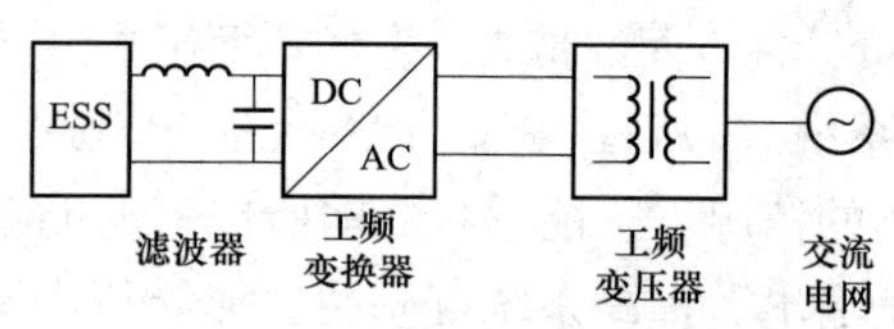


图4-51 单级式储能变流器经工频变压器联入电网

要构成大容量储能系统，同时解决电力电子设备需承受电网高电压和大电流的问题，除使用更高频率和功率等级的电力电子器件以外，还可以采取将多个DC-AC变换器模块在交流侧进行并联或级联的方式[35]，如图4-52所示。

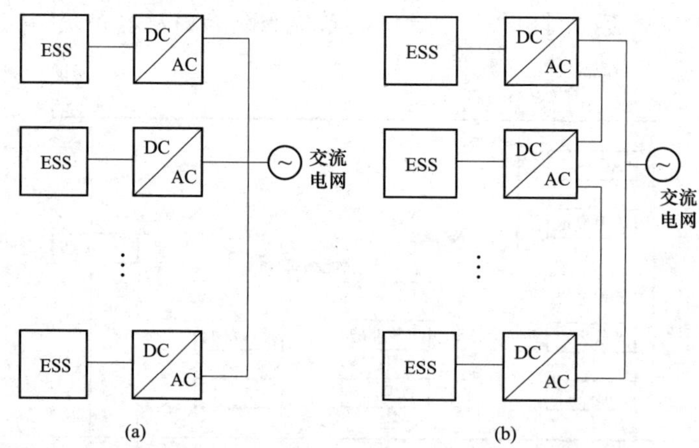


图4-52 单级式DC-AC变换器并联/级联结构

（a）多个DC-AC变换器并联；（b）多个DC-AC变换器级联

传统的单级式变换器结构简单、控制简便、损耗少、转换效率高；但储能系统的容量相对固定，系统无法灵活配置，而且变流器正常工作时需要直流侧有较高且稳定的电压，储能系统工作电压受其限制，工作电压范围小。

多级式储能变流器结构如图 4-53 所示，与单级式变流器的区别在于多了一级双向 DC-DC 电路。储能装置放电时，直流电先经 DC-DC 变换器升压后，再由 DC-AC 变流器逆变为交流电供给交流电网；储能装置充电时，电网的交流电经过 AC-DC 变流器整流为直流电，再由 DC-DC 变换器降压后给储能装置充电。典型的多级型储能变流器拓扑结构如图 4-54 所示。

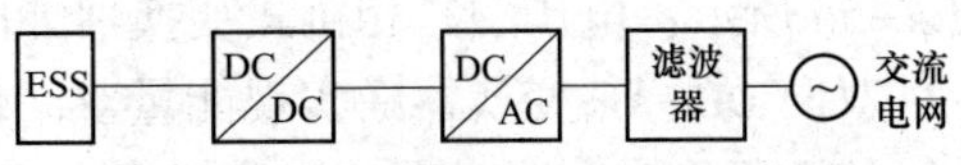

图 4-53　多级式储能变流系统结构

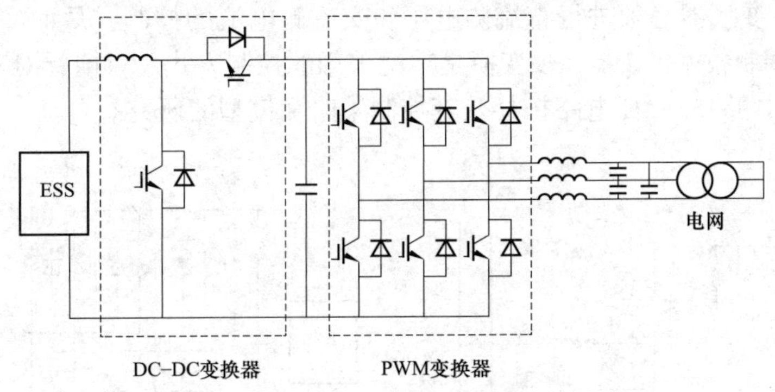

图 4-54　多级型储能变流器典型拓扑结构

多级式拓扑结构可以较为灵活地配置储能系统的容量并使储能装置在较宽的电压范围内工作；如果为每个储能单元单独配置一个专用的 DC-DC 电路，还可以单独控制各单元的充电放电；易实现多种储能介质的混合储能系统。其缺点在于由于变流器增加了一个 DC-DC 环节，能量转换损耗有所增加，整个系统的转换效率有所降低，并且由于需要考虑 DC-DC 电路与 DC-AC 电路的协调工作，变流器控制的复杂程度增大。多级结构亦可采用多个变换器的级联或并联方式，如图 4-55 所示。

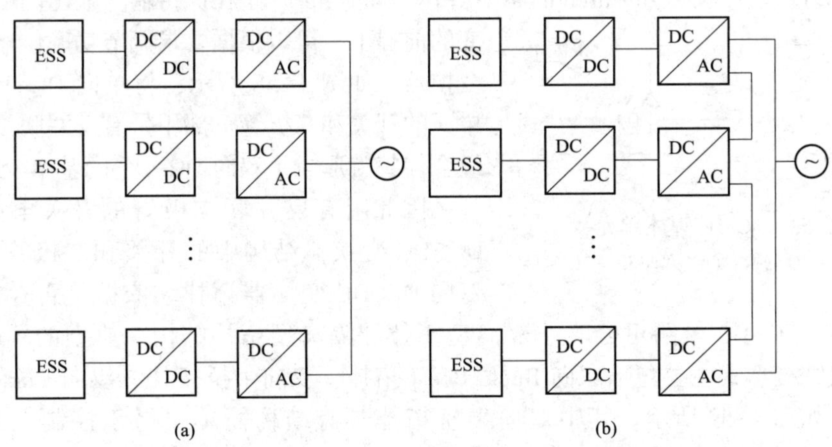

图 4-55　多级变换器级联/并联结构

（a）DC-DC+DC-AC 多级并联结构；（b）DC-DC+DC-AC 多级的级联结构

### 4.3.2　储能系统中的双向 DC-AC 变换

双向 DC-AC 变换器能实现直流-交流两个方向的功率变换，目前使用得比较多的双向

DC-AC 变换器主要有单相全桥和三相桥式两种。电压型单相全桥 DC-AC 变换器结构如图 4-56 所示；电压型三相桥式变换器如图 4-57 所示。

双向 DC-AC 变换器在实现能量双向传输时，为了保证系统的稳定工作，必须保证直流母线的电压稳定，同时在整流模式下，为了满足联网标准，必须采用功率因数校正，对交流电流进行控制，提高功率因数；在逆变并网模式下，能量并入电网运行时，电网可以看作一个容量无穷大的交流电压源，电网电压是一个固定值，并网时逆变器输出电压就被钳制，为保证系统的稳定安全运行，必须控制逆变器的输出电流，使其跟踪电网相位即锁相[36]。因此，双向 AC/DC 变换器必须进行直流侧电压和交流侧电流的控制，从而实现能量的双向流动。基于 PWM 调制技术的 DC-AC 变换是广泛采用的控制方式。目前针对双向 DC-AC 变换器的研究主要集中于 DC-AC 电路拓扑及其控制策略和模型的研究。

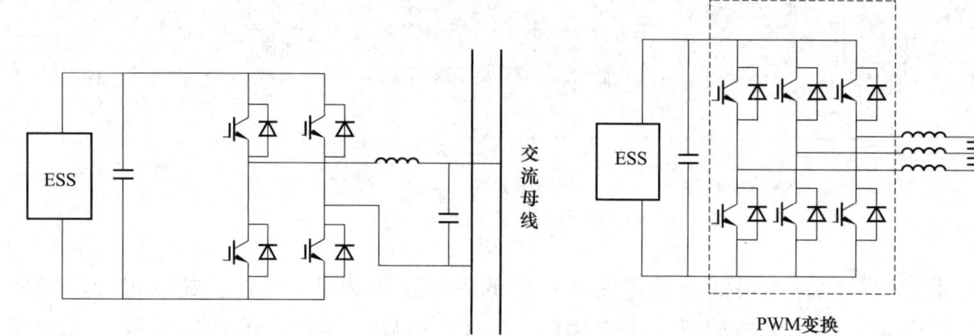


图 4-56 电压型单相全桥 DC-AC 变换器结构　　图 4-57 电压型三相桥式 DC-AC 变换器结构

### 4.3.3 储能系统中的双向 DC-DC 变换

双向 DC-DC 变换器（Bi-directional DC-DC Converter）是在保持输入输出两端电压极性不变的前提下，可以根据要求调节功率传输方向的直流变换器。如图 4-58 所示，将单向 DC-DC 基本变换单元的开关和二极管全部用带有反并联二极管的开关组合代替就形成了双向 DC-DC 的基本变换单元[37]。

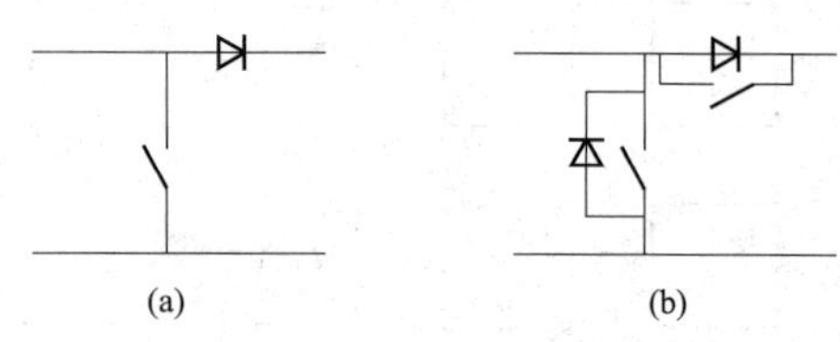


图 4-58 DC-DC 基本单元

（a）单向 DC-DC 变换；（b）双向 DC-DC 变换

因此用有反并联二极管的开关电路代替单向 DC-DC 变换器结构中的开关和二极管，就构成了双向 DC/DC 变换器拓扑。依据是否存在隔离高频变压器，双向 DC-DC 电路可分为非隔离型拓扑和隔离型拓扑结构。典型的非隔离型双向 DC-DC 电路结构形式主要包括双向 Buck/Boost 拓扑、双向半桥拓扑、双向 Cúk 拓扑和双向 Sepic 拓扑，如图 4-59 所示。其中双向半桥拓扑具有结构简单、易于控制、开关器件承受电压电流应力小等优点，广泛应用于中小功率场合，其余三种在实际工程中的应用不多。

非隔离型双向 DC-DC 电路中由于不含高频变压器，拓扑结构简单、体积小、成本低、易于设计控制、整体能量转换效率高。但储能系统与电网没有电气隔离，电网出现故障时会影响到储能系统，不利于其安全运行；同时受输入输出电压比的限制，无法适应电压转换比

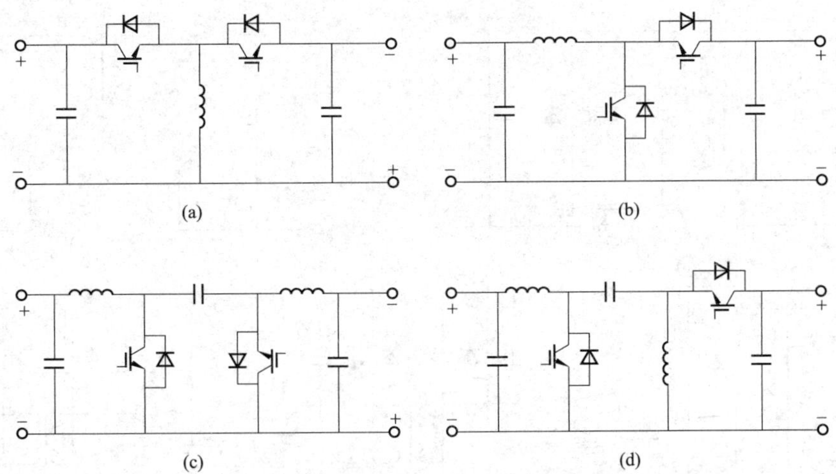


图4-59　几种典型的非隔离型双向DC-DC电路结构

(a) 双向Buck/Boost拓扑结构；(b) 双向半桥拓扑结构；(c) 双向Cúk拓扑结构；(d) 双向Sepic拓扑结构

例较高的场合，一般这种拓扑结构多应用于中小功率转换的储能系统中。

一般隔离型双向DC-DC变换系统由一个高频逆变器、一个高频变压器和一个高频整流器组成，如图4-60所示，结构中含有高频隔离变压器或者耦合电感，以实现储能装置和电网之间的电气隔离。

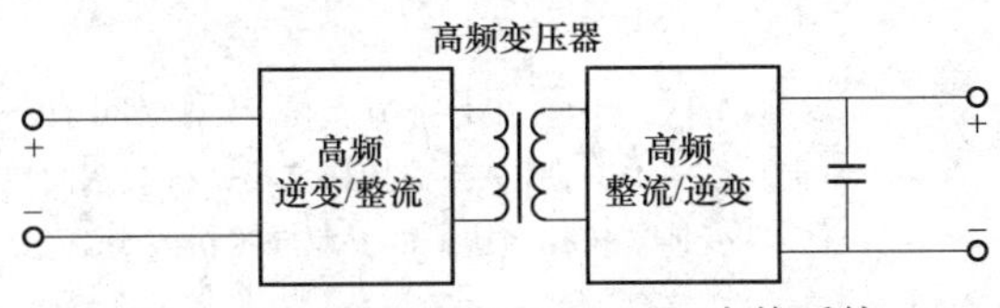


图4-60　隔离型双向DC-DC变换系统

隔离型双向DC-DC变换器的基本拓扑结构如图4-61所示，主要包括双向正激式（Bi Forward）、双向反激式（Bi Flyback）、双向推挽式（Bi Push-Pull）、双向半桥式（Bi Half-Bridge）和双向全桥式（Bi Full Bridge）等几种拓扑结构。

隔离型DC-DC变换器的高频变压器不仅起到了电气隔离的作用，提高了系统运行的安全性，还实现了较高的输入输出电压电流变比，能够满足储能元件电压电流的宽范围要求，省去了电网侧与DC-AC变换器之间的工频变压器，提高了双向变流器的功率密度，一般适用于大功率应用场合。但高频变压器的引入了降低了能量转换的效率，结构复杂，器件多，控制相对困难，同时还要考虑到磁芯磁化和饱和等问题。

除了应用于新能源发电的储能变换，双向DC-DC电路在电动汽车、车载电源、不间断电源等场合都有越来越广泛的应用。目前对于双向DC-DC电路的研究主要集中于其拓扑结构和控制策略的研究。

随着电力电子技术的发展，储能变换器技术不断朝着模块化、低损耗和高可靠性的方向发展，其技术热点主要着重于研究更加适合的拓扑结构与组合形式以及更加合理有效的控制策略。

服务于新能源发电的电力储能技术还存在着容量小、经济性不高等缺陷，现代电力电子技术和储能技术不断的融合发展，是挖掘储能技术在新能源发电中的巨大发展潜力、保障新能源发电系统和电网安全稳定运行的重要手段。

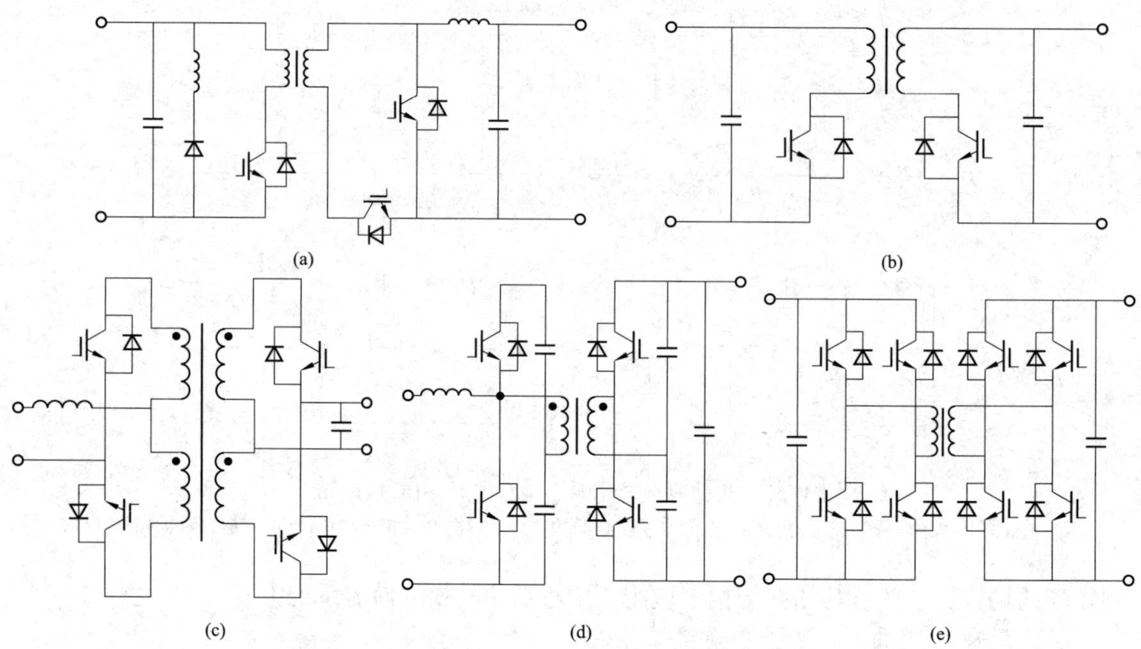

图 4-61 隔离型双向 DC-DC 变换器的基本拓扑结构

(a) 双向正激式 DC-DC 变换器拓扑结构；(b) 双向反激式 DC-DC 变换器拓扑结构；(c) 双向推挽式 DC-DC 变换器拓扑结构；(d) 双向半桥式 DC-DC 变换器拓扑结构；(e) 电压型双向全桥结构

# 参 考 文 献

[1] 徐德鸿，陈文杰，何国锋，等. 电源学报 [J]，2014 (6)：4-9.

[2] 张嵩，谷鸣，李莹. 电力电子技术在可再生能源发电系统中的应用 [J]. 国网技术学院学报，2014 (5)：71-74.

[3] 王兆安，刘进军. 电力电子技术 [M]. 北京：机械工业出版社，2009.

[4] 贺益康，潘再平. 电力电子技术 [M]. 北京：科学出版社，2010.

[5] 丁道宏. 电力电子技术 [M]. 北京：航空工业出版社，1999.

[6] 杨秀，李宏仲，赵晶晶. 分布式发电及储能技术基础 [M]. 北京：中国水利电力出版社，2012.

[7] 程明，张建忠，王念春. 可再生能源发电技术 [M]. 北京：机械工业出版社，2012.

[8] 王成山. 微电网分析与仿真理论 [M]. 北京：科学出版社，2013.

[9] 惠晶. 新能源发电与控制技术 [M]. 北京：机械工业出版社，2012.

[10] 黄海宏，王海欣，张毅，等. PWM 整流电路的原理分析 [J]. 电气电子教学学报，2007，29 (4)：29-33.

[11] 张军伟，王兵树，刘治安，等. 单相电压型 PWM 整流电路原理分析与仿真 [J]. 现代电子技术，2009 (8)：186-189.

[12] 梁涛，黄玥. 基于 TCF792 的风电机组软并网控制器的设计 [J]. 电气与自动化，2013，42 (5)：157-159.

[13] 杨淑英. 双馈型风力发电变流器及其控制 [D]. 安徽：合肥工业大学，2007.

[14] 梁英. 风力发电系统中变流技术的研究 [D]. 长沙：湖南大学，2009.

[15] 罗勇. 风力发电并网变流器直接功率控制研究 [D]. 北京：北京交通大学，2008.

[16] 邓金富. 用于双馈风力发电机的双 PWM 变换器的设计与实现 [D]. 上海：上海交通大学，2008.
[17] 周天佑. 双馈风力发电变流器控制技术研究 [D]. 成都：西南交通大学，2009.
[18] 韩竺秦. 矩阵式变换器在变速恒频风电系统中的应用 [J]. 变频器世界，2009 (9)：79-82.
[19] 唐毅. 基于矩阵变换器的双馈风力发电系统研究 [D]. 重庆：重庆大学，2007.
[20] 李建林，许洪华. 风力发电中的电力电子变流技术 [M]. 北京：机械工业出版社，2008.
[21] 李瑞. 永磁直驱风力发电变流器的并联运行研究 [D]. 哈尔滨：哈尔滨工业大学，2003.
[22] 肖飞. 直驱式永磁同步风力发电变流器若干关键技术研究 [D]. 杭州：浙江大学. 2013.
[23] 周雪松，宋代春，马幼捷，等. 光伏并网逆变器的控制策略 [J]. 华东电力，2010，38 (01)：80-83.
[24] 尹静. 光伏并网逆变器的研究及可靠性分析 [D]. 济南：山东大学，2009.
[25] 刘密富. 光伏并网逆变器的研究 [D]. 哈尔滨：哈尔滨理工大学，2009.
[26] 张辉. 光伏并网发电逆变技术研究 [D]. 天津：复旦大学，2009.
[27] 艾欣，韩晓男，孙英云. 光伏发电并网及其相关技术发展现状与展望 [J]. 现代电力，2013，30 (01)：1-7.
[28] 董密，罗安. 光伏并网发电系统中逆变器的设计与控制方法 [J]. 电力系统自动化，2006，30 (20)：97-02.
[29] 曹志怀. 并网型太阳能光伏发电系统研究 [D]. 成都：西南交通大学，2012.
[30] 何娣. 太阳能光伏并网发电系统的研究 [D]. 西安：长安大学，2013.
[31] 张兴，曹仁贤. 太阳能光伏并网发电及其逆变控制 [M]. 北京：机械工业出版社，2010.
[32] 马兆彪. 太阳能光伏并网发电系统的分析与研究 [D]. 无锡：江南大学，2008.
[33] 张彦. 单相光伏并网系统电路结构及逆变器控制技术 [D]. 武汉：华中科技大学，2008.
[34] 袁泉. 大功率储能变流器的研究 [D]. 北京：北京交通大学，2012.
[35] 晁刚. 级联 H 桥储能系统研究与设计 [D]. 上海：上海交通大学，2013.
[36] 王伟. 太阳能光伏市电网联合供电系统 [D]. 南京：南京航空航天大学，2012.
[37] 孙继鑫. 基于 LLC 谐振的双向 AC/DC 变换器设计 [D]. 哈尔滨：哈尔滨工业大学，2015.

# 第 5 章　分布式电源并网及微电网

目前，电力系统已发展成为以大机组、大电网、高电压为主要特征的集中式单一供电系统，随着电网规模的不断扩大，电力能源供应的质量、安全可靠性要求越来越高，传统大电网模式显示出了一定的局限性。面对全球传统能源日渐枯竭和生态环境日益恶化的双重危机，以新能源为主的分布式发电（Distributed Generation，DG）技术凭借其发电方式灵活、与环境友好、能源形式多样且可再生等优势，日益得到了广泛发展，逐渐成为集中式发电的有效补充。

分布式电源虽然优点突出，但将其接入电网对电力系统的安全稳定运行提出了新的挑战[1]，为了协调大电网与分布式发电的矛盾，最大限度发掘分布式发电在经济、环境、能源中的优势，提出微电网的概念。将分布式发电系统与负荷等汇集成微电网形式运行，是发挥分布式电源效能的有效方式[1]；而大电网与分布式发电的结合，两者互为支撑，被许多电力工作者认为是能够节省能源、降低能耗、提高电力系统可靠性和灵活性的电力工业的主要发展方向。

## 5.1　分布式发电概述

近年来分布式电源以其投资省、清洁环保、发电方式灵活、与环境兼容等特点与大电网日益联合运行。一方面，它可以满足电力系统与用户的特定要求，如削峰；另一方面，分布式电源的接入可以起到电压自动调节、电压稳定、电气设备的热起动等作用，增强传统电力系统可靠性和经济性。在电力市场经济的推动下，分布式电源不仅可作为传统供电模式的有力补充和有效支撑，还将在能源综合利用上占有十分重要的地位。

### 5.1.1　分布式发电的概念与特点

世界各国对发展分布式供电系统的政策不同，对分布式电源的定义也不完全一致。美国公共事业管理政策法定义：分布式电源通常是指发电功率在几千瓦至数百兆瓦（也有建议限制在 30~50MW 及以下）的小型模块化、分散式、布置在用户附近的高效、可靠的发电单元，是可以独立地输出电能、热能或冷能的系统。国际大电网会议（CIGRE）将分布式发电定义为“非经规划的或中央调度型的电力生产方式，通常与配电网连接，一般发电规模为 50~100MW。”

国内将分布式发电定义为功率不大（一般几十千瓦到几十兆瓦）、建设在负荷中心附近的、采用先进信息控制技术的、清洁环保、经济、高效、可靠的自主智能发电形式。一般可以理解为分布式电源是因为其容量或发电目的的原因而被接入地区电网的某一电压等级。

与传统的集中式大电源发电、大电网供电相比较，分布式发电具有自身的优势[2]：

(1) 能源利用率高，节能效应好。常规的集中供能方式相对单一，而用户一般不但需要电力的供应，而且也需要其他形式的能量供应，如供热、供冷或生活热水，若仅仅靠电力来提供，难以满足能量的梯级利用。分布式能源系统具有规模小、灵活性强等特点，通过不同循环的有机整合，可以在满足用户需求的同时，克服冷、热无法远距离传输的困难，实现能量的综合梯级利用。由于没有输送损耗，分布式能源的利用率一般较大型电厂要高，可达80%以上。

(2) 提高地区供电可靠性。近年来世界上一些大的停电事故，充分说明了以集中式供电模式为主的现代电力系统脆弱的一面。在用户侧配置分布式发电系统，与大电网配合，可以提高供电可靠性，在系统扰动情况下，维持对重要用户的供电。

(3) 装机容量小、占地面积小，初始投资少，降低了远距离输电损失以及输配电系统的投资，而且可以满足特殊场合的需求。分布式电源在用户侧按需配置，没有远距离输电损失以及相应输配电系统的投资，经济性好，能够为用户提供灵活、节能的综合服务。在不适宜铺设电网或有分散用户的地区，可以发展分布式发电系统。

(4) 与环境友好，燃料多元化。分布式发电系统的燃料有化石能源、可再生能源、二次能源及垃圾燃料等多种。其能源形式多样、节能效应好、能源利用率高。由于分布式发电系统规模小、分散分布，特别适合一般可再生能源的能量密度低、分布受地域条件限制等特点，为可再生能源利用开辟了新方向。采用清洁燃料做能源的分布式发电系统，与环境友好，环保效益高。

### 5.1.2　分布式电源的分类

从不同的角度，分布式电源有不同的分类方式。一般可以根据分布式电源的技术类型、所使用的一次能源和与电力系统的接口技术以及分布式电源接入电网的节点类型进行分类。

从分布式电源通常所使用的技术可分为水力发电、风力发电、光伏发电、太阳热发电、小型燃气轮机发电和燃料电池等。

从分布式电源所使用的一次能源角度，可分为化石燃料和可再生能源。目前分布式电源研究的热点之一是可再生能源发电技术，其中水力发电、生物质能发电属于比较成熟的技术，而风力发电、光伏发电、太阳能热发电、地热及潮汐发电等都属于处于发展阶段的发电技术。

与电力系统相连的分布式电源可以根据并网技术的类型分类，即直接与系统相连（机电式）和通过变流器与系统相连两大类。若分布式电源是旋转式发电机直接发出工频交流电则属于第一类，像地热发电、水力发电、太阳能热发电等；而通过变流器相连，指将所发的电能经变流器连接电网，如风力发电、光伏发电、燃料电池发电等。

根据分布式电源接入电网的节点类型可以分成 $PQ$ 节点、$PU$ 节点、$PQ$（$U$）节点、$PI$ 节点等类型。

而在分布式电源的实际应用中，考虑到分布式电源容量大小及其在电力系统中应用的影响，还可按其大小分为小型（一般小于100kW）、中型（100kW～1MW）、大型（一般大于1MW）三类。

### 5.1.3　分布式发电发展应用的现状

由于能源需求和环境保护的原因，国际能源界越来越重视既能提高传统能源利用率又能充分利用各种可再生能源的分布式发电技术。分布式发电技术应用最早的是欧洲，挪威、芬兰、丹麦等国家现有的分布式电源的装机容量已接近和超过其总装机容量的50%[3]，而为了保持和加强在可再生能源和分布式发电技术上的优势地位，欧盟自2001年开始资助实施的“可再生能源和分布式发电在欧洲电网中的集成作用”项目，在世界范围内吸引了超过100家各类研究机构的参加。美国政府也组织了包括加州大学、威斯康星大学、ABB、EPRI在内的40多所高校、研究机构与企业开展了与分布式发电供能技术的相关研究，预计2020年分布式电源装机容量将达到总装机的25%。日本则很早开始了分布式发电技术的理论和实用化技术的研究，并在超级电容器、燃料电池、潮汐发电、光伏发电等技术上在世界上处于领先地位。

目前，世界范围内太阳能光伏发电技术和风力发电发展迅速。资料表明太阳能电池的总产量正以每年30%~40%的速度持续增长，风力发电总装机容量正以30%以上的年平均增量率增加。德国、美国、荷兰等国先后提出“光伏屋顶计划”，德国、丹麦等国还规划了大规模的海上风电场项目。在世界范围内对未来电力市场的预测表明，世界市场预期的新增分布式发电容量将会达到每年20GW，新增分布式电源总容量将会占新增电源总容量的20%，到2050年，一些发达国家利用新能源发电可能占到本国电力市场的30%~50%。

我国是一个发展中国家，人口、资源和环境问题是我们面临的最大挑战，分布式能源系统的发展将会使这些问题得到一定程度的缓解。目前我国以天然气为燃料的分布式能源系统建设已逐渐进入实质性开发实施阶段，在北京、上海、广州等城市的居民小区、商城楼宇、大学城都有一批热、电、冷联产示范工程投运，如上海浦东国际机场能源中心4000kW的燃气轮机热电联供项目，北京中关村软件园热、电、冷联产项目等。西部和沿海地区兴建的基于可再生资源（太阳能、风能）的分布式电源项目规模也在日益扩大。

## 5.2 分布式电源并网技术

随着电力体制改革的深化，为提高能源利用率，开发利用可再生能源，分布式电源越来越多被并入电网运行，其在电能生产中占有的比重越来越大。所谓分布式电源并网是指分布式电源在运行时与地区电网在主回路上存在电气连接，连接点一般称为“公共连接点”（Point of Common Coupling，PCC）。电气连接的方式可以是电缆直连、经变压器或变流器连接等。分布式电源一般位于负荷附近，装机规模较小，就近接入中低压配电网，分布式电源接入地区电网同时会对地区电网诸多方面产生一定的影响，给电力系统的运行与控制带来巨大难度和挑战。充分了解分布式电源并网的影响，采用合适的技术妥善解决其并网问题，有利于分布式电源的利用并对未来能源合理开发和优化配置提供有力保障。本节重点分析分布式电源并网对电网产生的多方面的影响，探讨分布式电源并网遵循的原则和解决方案。

### 5.2.1 分布式电源并网影响分析

分布式发电系统并网向地区负荷供电，实现多种能源形式的互补。目前分布式电源的容量都比较小，在现有的装机水平下，分布式电源尚不会对大电网运行产生明显的影响。但当分布式电源的数量和总容量扩大到一定水平，就可能影响整个电力系统的特性。随着分布式发电系统应用的日益广泛，分布式发电系统的性能各异、使用范围广、并网点多、并网方式多样等，对地区电网运行与控制产生多方面影响。

1. 分布式电源并网对电网频率的影响

分布式电源并网运行时的频率要与电网的频率保持一致。通常情况下，分布式电源容量较小，其启停对地区电网的频率影响较小。但对于接入了出力具有随机性和波动性的较大规模的分布式电源的地区电网，需要采取一定的措施，如分布式电源与储能元件相结合，以维持稳定发电出力；或保持电网内具有足够的调峰电源，否则会引起系统的频率偏移。同时，电力系统的频率变化会对分布式电源的发电机组造成影响，这要求调整分布式电源的发电机的转速，使其频率与电网保持一致。电力系统是一个实时动态平衡系统，发电、输电、用电必须时刻保持平衡。常规电源功率可调、可控，用电负荷的预测精度高，但在具有波动性和间歇性分布式电源的情况下，有功出力难以精确预测，这给电网调频带来一定程度影响。

2. 分布式电源并网对电网电压分布和稳定性的影响

分布式电源并网后，地区电网的稳态电压分布发生变化。分布式电源的接入位置和容量对线路电压分布影响很大。相同容量的分布式电源接入不同的位置时所形成的电压分布差别很大，分布式电源接入点越接近线路的末节点，节点的电压变化率越大，对线路的电压分布影响也越大。分布式电源总出力越大，渗透率越高，电压支撑能力越强，整体电压水平就越高。因此需要对接入分布式电源后的地区电网的电压分布进行评估。

分布式电源并网不但对地区电网的电压分布影响显著，甚至会引起电压稳定性问题。无功功率缺额是引起电压不稳定的根本原因。一般来说，分布式电源的接入有助于电网电压稳定性的提高。但当分布式电源需要从电网中吸收无功功率时，对系统的电压稳定性有负面影响。如当采用异步感应发电机的风电站接入地区配电网后，由于运行时需从配电网吸收大量的无功，而且风能变化具有随机性、间歇性，容易引起整个电网的电压稳定性问题，甚至会导致整个电网的电压崩溃。从这一角度考虑，必须具体研究分布式电源并网后对地区电网的电压稳定性的影响性质和程度；同时还需要对含分布式电源的地区电网无功电压调度策略进行研究，以保证整个地区电网的无功平衡。

3. 分布式电源并网对电能质量的影响

分布式电源并网既可能改善也可能恶化用户的电能质量，通常接入分布式电源使地区电网增加短路容量，对电能质量有利。但如果接入分布式电源的容量过大，如风电和太阳能光伏电站，由于受天气的影响较大，可能在启动和关闭及输出产生波动时，出现电能质量下降的情况。其对地区电网电能质量的影响，主要体现在电压闪变和谐波两个方面。

分布式电源并网引起电压闪变的因素主要有：分布式电源启停的随机性；采用可再生能源发电的分布式电源，如风电、太阳能光伏发电等出力受到季节或气候的影响；分布式电源与系统中电压反馈控制设备相互作用会引起电压闪变。目前主要通过减少分布式电源启动次数，或采用一定的设备如逆变器来降低分布式电源的输出对电压的影响。

由于大量电力电子器件应用于分布式发电系统，不可避免地给系统带来大量的谐波，谐波的幅度和阶次与发电方式和转换器的工作模式有关。对于谐波问题，可以在谐波电压水平较高母线上安装特殊的滤波器或采用新型逆变技术和控制策略进行改善。

4. 分布式电源并网对电网潮流分布的影响

分布式电源并网后，配电网的结构和运行方式发生了根本性的变化，由于各电源的出力各不相同，尤其一些电源具有很大的波动性和随机性，导致潮流的方向和大小变化不定。含分布式电源的地区电网的潮流的大小及流向与分布式电源容量、接入的位置、负荷的相对大小以及网络的拓扑结构等因素有关。

含分布式电源的地区电网中各电源的控制特性对其潮流计算的收敛性有很大的影响。必须建立恰当的分布式电源的接口模型，采用有效的潮流计算方法，才能对含分布式电源的地区电网运行过程进行正确分析和控制。若地区电网中含有风电或光伏发电系统或径流式小水电等电源，由于它们的输出本身受自然条件影响较大，具有随机性和波动性，使地区电网的潮流也具有随机性和波动性，常规的潮流计算方法可能失效，必须开发新的随机潮流分析和控制方法。

5. 分布式电源并网对电网损耗的影响

一般来说，网络上输送的功率越大，网络损耗就越大。分布式电源并入地区电网后，其容量与负荷量的相对大小、接入位置、运行模式、网络拓扑结构和功率因数等因素都将对网络损耗产生不同程度的影响。若从接入容量的角度考虑，在一个包含分布式电源的地区电网中，小容量的分布式电源接入后，其输出的功率将使所在线路上网损减少。而当某些分布式发电系统的容量足够大，以至于在满足负荷的基础上还能向电网倒送功率的情况下，网损也有可能增加。

6. 分布式电源并网对地区电网调度的影响

分布式电源接入前，地区电网的实时监视、控制、协调由供电部门统一执行。分布式电源接入后，地区电网的信息采集、开关操作、能源调度和管理等过程变得复杂，对监视和控制的信息需要根据并网的规程重新确定。大量分布式电源并网后，地区电网的电压波动增大和无功潮流不合理，现有的电压无功控制手段可能不满足要求，需要重新制定地区电网无功电压控制的策略，如地区电网的无功补偿设备并联电容器组的投切要与分布式发电系统的励磁调节相配合，否则会出现调节混乱的现象。同时由于有些分布式发电系统具有很强的随机性，需要对分布式发电系统建立全面检测、控制和调度的新型 SCADA 体系，使多种工况（如光照不足、风力间歇、枯水季节等）下系统始终运行在最优方式下。

7. 分布式电源并网对地区电网继电保护的影响

分布式电源并网后，地区电网的结构和短路电流均发生变化，这种根本性变化使电网的各种保护机理与定值发生深刻的变化。尤其对于具有波动性或间歇性的分布式发电系统的地区电网，线路上潮流的大小和方向频繁变化，给电力系统继电保护装置和动作值的整定增加了一定的难度。多数情况下，分布式系统接入地区电网侧装有逆功率继电器，正常运行时不会向电网注入功率，当地区电网发生故障时，瞬间会有分布式发电系统的电流注入电网，增加了地区电网开关的短路电流水平，可能使地区电网开关短路电流超标。此外，分布式电源一般是通过 10kV 馈线接入配电系统，而这一级别的配电系统，一般都采用三段式电流保护，即瞬时电流速断保护、定时限电流速断保护和过电流保护。但分布式电源的接入可能导致保护装置的灵敏度降低，严重时甚至拒动，也可能导致保护装置误动作，或者致使相邻线路的瞬时速断保护装置误动作，失去选择性。随着分布式电源在地区电网中占的比重增加，必须对地区电网的保护系统进行整定和协调，同时研究分布式电源的接入容量、位置对电网保护配合的影响，使分布式电源必须与之配合和适应。

8. 分布式电源并网对电网可靠性的影响

在含分布式电源的地区电网中，分布式电源能部分抵消电网负荷，减少进线的实际输送功率和提高输配电网的输电能力；同时分布式电源对地区电网电压支撑作用可以增强系统的电压调节性能，对提高地区电网可靠性有重要的作用。当地区电网故障时，微电网解列为孤岛运行，此时如果分布式电源的总容量大于孤岛内所有负荷之和，故障隔离后，分布式电源能保证非故障区的负荷继续供电，保证供电可靠性。

分布式电源的接入对地区电网可靠性也会产生不利的影响。如分布式电源的安装地点、容量、接线方式不恰当，也会降低地区电网的可靠性；或由于维护或故障断路器跳闸等形成非计划的孤岛，可能出现电力供需不平衡，降低电网的供电可靠性。

9. 分布式电源并网对电力市场的影响

随着我国经济快速增长和电力体制改革不断深入，公平竞争电力市场将逐步建立，分布式电源也将拥有越来越大的市场份额，各种分布式电源能够在统一开放的交易市场上进行公平竞争。由于分布式电源的发电成本不同，品质各异，并网后对地区电网的运营产生巨大的冲击，因此必须对整个电力经济和地区电网交易方式、电价和市场服务都进行相应的调整，这时电力公司和用户间将形成新型的关系，用户不仅可以从电力公司买电，也可以用自己的分布式电源向电力公司卖电或为其提供有偿削峰、紧急状态下功率支持等服务。同时分布式电源也为其他部门（如天然气公司）进入电力市场提供方便，未来的电力市场的竞争将更加激烈。

目前，一些分布式发电技术已经发展成熟，并实现商业化规模生产。同时，在分布式电源制造技术正日趋成熟，成本正在不断降低以及大量分布式电源亟待并网运行的今天，从我国的国情出发，研究分布式电源并网运行时所带来的影响，分析并消除分布式电源并网运行的不利影响，推动分布式电源在增加能源供应以及减少环境污染方面的应用，这是保证分布式电源技术广泛应用并充分发挥其作用的关键。

### 5.2.2　分布式电源并网技术原则

面对大量分布式电源并入电网的需求，各国和相关机构都相继出台了一系列的并网标准，对分布式电源并网的总体原则、电能质量、功率控制、并网同步、安全与保护等方面的要求做了详细的规定。

在“安全可靠、结构合理、技术先进、环保节能、规范统一”的原则指导下，分布式电源并网一般需要遵循以下原则[3~6]：

(1) 电源支撑。中小规模的分布式电源并网发电的主要作用是充分利用分散的可再生能源，提高能源的利用效率，实现节能减排，同时对电网起一定的辅助支撑作用。原则上要求通过 10(6)~35kV 电压等级并网的分布式电源能够根据电网频率值、电网调度机构指令等信号调节电源有功功率的要求，确保分布式电源输出最大功率；并且能够利用无功功率控制参与并网点电压调节，对其他分布式电源未做要求。

(2) 微电网形成。局部有条件形成微电网的分布式电源，可以考虑以微电网的形式组织并网，起到提高供电可靠性的作用。

(3) 电压等级。对于容量小或分散式接入的分布式电源，就近接入 0.4kV 的配电网，自发自用，就地消耗，并且要求不能产生逆流。对于容量较大或输出波动较大的分布式电源考虑接入 10kV 及以上电压等级电网，以减小分布式电源输出波动对电网的影响。

(4) 接入容量。接入同一公共连接点的分布式电源总容量原则上不宜超过上一级变压器供电区域内最大负荷的 25%；对于接入 0.4kV 的配电网的分布式电源容量应视负荷类型而定。

(5) 并网与孤岛运行。接到 0.4kV 的电网分布式电源，电力就地消化，可以孤岛运行，但不允许向电网反送电力；接入 10kV 及以上的电压等级的分布式电源，由调度中心统一调度，并网运行。

(6) 电能质量。分布式电源并网引起的电压波动、谐波等电能质量问题应满足相应规程规定的要求。

### 5.2.3 潮流计算中分布式电源并网接口模型

根据分布式发电系统与电网的接口类型划分，一般情况下，分布式电源并网有同步发电机、异步发电机、DC-AC 或 AC-AC 变换器几种形式的接口。每种形式的 DG 的典型容量范围以及与电网接口的类型见表 5-1[7]。

表 5-1 分布式电源的容量及其与电网的接口

| 发电形式 | 典型容量范围 | 与电网的常见接口 |
|---|---|---|
| 太阳能光伏 | 几瓦~几百千瓦 | DC-AC 变换器 |
| 风力 | 几百瓦~几兆瓦 | 普通异步感应发电机/双馈异步发电机/同步发电机 |
| 地热 | 几百千瓦~几兆瓦 | 同步发电机 |
| 海洋 | 几百千瓦~几兆瓦 | 四象限同步发电机 |
| 微型燃气轮机 | 几十千瓦~几兆瓦 | AC-AC 变换器/同步发电机 |
| 燃料电池 | 几十千瓦~几十兆瓦 | DC-AC 变换器 |

由于其控制特性和运行方式不同，并网 DG 在潮流计算中的节点等值模型也各不相同。采用普通异步感应发电机的风电发电系统，本身没有励磁装置，依靠电网提供无功功率建立磁场。异步发电机输出的有功由风速决定，在潮流计算中可以认为是给定值；吸收的无功功率 $Q$ 与机端电压 $U$ 和转差 $s$ 有关，因此在潮流计算中可将异步发电机节点等值为 $PQ(U)$ 节点。双馈异步风力发电机可通过风速功率特性求得一定风速下发电机注入电网的总有功功率，其无功功率由发电机定子侧和变流器在发电机转子侧发出和吸收无功功率组成。双馈异步发电机有恒功率型和恒电压型两种控制运行方式，恒功率因数运行方式时，在潮流计算中风电场可以等值为 $PQ$ 节点；采用恒电压运行方式时，风电场可以看成为 $PU$ 节点。类似的，以同步发电机作为接口的风电系统，采用电压控制方式的等值为 $PU$ 节点，采用功率因数控制方式等值为 $PQ$ 节点。

某些分布式电源并网运行，需要通过电力电子变换装置与系统接口：燃料电池、太阳能光伏和储能系统发出的是直流电，须经逆变器与电网接口；而单轴结构的微型燃气轮机发出的是高频交流电，需要通过 AC-DC-AC 或 AC-AC 变频后才能并网。以各类变换器接口的分布式电源在潮流计算中的模型要根据其类型和变换电路的控制策略具体分析、分别处理。如通过电压控制型逆变器接入电网的分布式电源可以处理为 $PU$ 节点；通过电流控制型逆变器接入电网的分布式电源多处理为 $PI$ 节点。

### 5.2.4　分布式电源并网储能技术

分布式电源中的风电、太阳能发电、海洋能发电等由于受自然条件变化的影响较大，其出力具有显著的间歇性和波动性，将其大量并入电网时会对用户的供电可靠性和电能质量产生较大影响；对电网的功率平衡与安全运行产生冲击，严重时可能引发电网故障。通过储能系统结合分布式电源进行并网供电，保障分布式电源并网时的安全稳定运行与用户的可靠供电，同时实现对分布式电源的控制，充分利用新能源，是各个国家和机构青睐的解决方式。

1. 储能系统在分布式电源并网中的作用[8]

储能装置受自然条件限制较少，接入电网方式灵活，运行可靠，在分布式电源并网中发挥了独特的作用。

（1）电量平衡。分布式电源总发电量一般与该区域的所有负荷总量并不相等，而且是动态变化的。当分布式电源的发电量大于负荷总量时，剩余电量可以存储在储能系统中，也可以馈送给公共电网；当发电容量小于负荷总量时，可以由储能供给，或者由公共电网来供给。通过储能系统的能量的“吞吐”，实现了发电量和用电量的供需平衡，维持分布式供电系统的功率平衡。包含储能设备的分布式发电系统结构如图5-1所示。

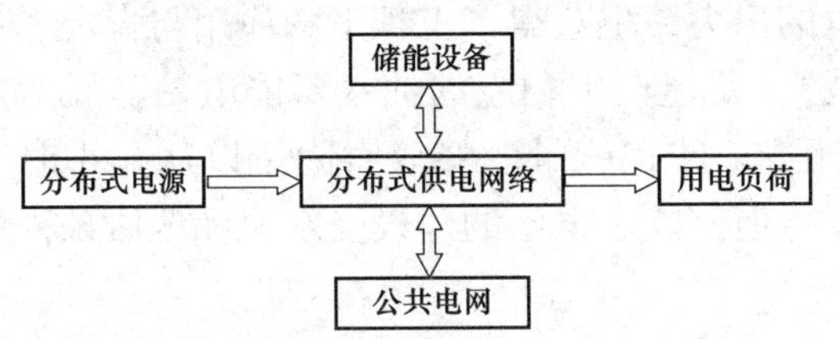


图5-1　包含储能设备的分布式发电系统结构示意图

（2）作为备用或应急电源。由于某些分布式电源出力具有随机性和间歇性，在其不能供电的情况下，具有快速响应能力的储能系统就可以用作热备用，发挥其作为临时过渡电源的作用，维持对重要负荷的连续供电，提高供电可靠性。

（3）改善电能质量，维持系统稳定。分布式电源出力的波动会导致频率偏移、电压跌落和电压闪变等问题的出现，给电网和用户带来电能质量问题。储能系统能通过对功率波动的抑制和快速的能量吞吐响应系统中各种扰动，有效地控制电压和频率波动，使电能质量得到明显的改善。储能系统短时功率的动态补偿，有利于解决诸如电压暂降、涌流和瞬时供电中断等动态电能质量问题。同时储能系统能够快速吸收或释放有功和无功功率，改善系统的有功、无功功率平衡水平，增强稳定性。

（4）增强分布式系统的可控性。分布式电源并网时，储能系统可以根据要求调节分布式发电单元与大电网的能量交换，将难以预测和控制的分布式电源，整合成能够在一定范围内按计划输出电能的系统，从而减轻分布式电源并网对大电网的消极影响。

2. 储能技术的类型

根据能量转换形式的不同，能够应用于分布式发电系统作为能量的缓冲与其进行联合发电的储能方式主要有三大类：①化学储能，主要指铅酸、镍系、锂电子等蓄电池储能；②物理储能，包括抽水蓄能、飞轮储能、压缩空气储能等；③电磁储能，包括超级电容器储能、超导电磁储能等。

（1）化学储能即各种蓄电池储能（Battery Energy Storage，BES），通过电池正负极的氧化还原反应促使正极、负极活性物质的化学能与电能的相互转化从而实现储能。蓄电池种类繁多，目前应用于电力系统的蓄电池储能技术主要有铅酸电池、镍镉电池、镍氢电池、锂离子电池、钠硫电池等。2001 年日本电力公司联合新能源与工业技术发展组织建立了 400kW、2880kWh 的硫化钠混合风能电池储能系统；美国阿拉斯加的 Golden Valley 安装有最大可提供 40MW 功率的镍锡蓄电池储能系统。蓄电池储能的特点是价格低廉、方案简单，但是蓄电池充放电响应速度慢、存储容量小、会对环境产生污染，而且蓄电池经多次充放电后容量会降低，也就是说有一定的使用寿命。目前化学蓄电池储能技术已经比较成熟，在独立运行的小型风力发电和光伏发电系统中广泛使用其作为蓄能装置；关于其研究主要集中在充电与放电控制以及提高其循环寿命等方面。

（2）物理储能。

1）抽水蓄能（Pumped Hydro Storage，PHS）技术是目前电力系统中使用比较广泛的储能技术，主要用于系统的调峰、调频、调相、紧急事故备用、黑启动和提供系统的备用容量。作为调峰电源，抽水蓄能电站技术已经非常成熟，欧美日本等发达国家和地区抽水蓄能电站占总装机的比重都比较高。而将其用作新能源发电的储能技术，利用抽水蓄能的低吸高发，来平滑风电、光伏发电等分布式电源发电的出力，也获得了工程上的应用与肯定。如西班牙为开发 El Hierro 岛和 Canary 岛的风能资源，就建设了相应的抽水蓄能电站与风力发电联合运行。抽水蓄能电站可以按照一定容量建造，储存能量的释放时间可以从几小时到几天，并且储能容量大、运行灵活、运行费用低；但储能水电站的建设受水文和地质条件的制约，建设周期长，机组响应相对较慢。

2）飞轮储能（Flywheel Energy Storage，FES）系统由复合材料的储能飞轮、轴承支撑系统、电机、功率变换器和控制系统组成。储能时工频电网提供电能，电动机带动飞轮高速旋转，将电能转化成飞轮的动能加以储存；释能时，高速旋转的飞轮作为原动机带动发电机发电，将机械能转化为电能。飞轮储能的研究主要着眼于研发新型复合材料以提高储能密度、降低系统体积质量；而超导磁悬浮轴承技术的采用，能够实现高速无机械摩擦旋转，从而有效降低飞轮轴承损耗。美国 Vista Tech Engineering 公司将飞轮结合入风力发电系统，实现全程调峰，飞轮机组的发电功率为 300kW，储能可达 277kWh。目前中小容量飞轮储能系统已实现商品化，大容量飞轮储能系统也已进入工业试运行阶段。飞轮储能具有效率高、能量密度大、寿命长、充放电迅速、清洁高效等优点，但缺点在于投资成本较高。作为一种新兴的电能存储技术，飞轮储能在未来分布式发电储能中具有良好的应用前景。

3）压缩空气储能（Compressed Air Energy Storage，CAES）是将空气压缩存储在高压密封的储气室进行能量的存储：储能时，电能注入压缩空气储能电站，通过电动机驱动压缩机将空气降温压缩后存储到储气室；释能时，将高压空气升温后，送入燃烧室助燃，燃气膨胀驱动燃气轮机，带动发电机发电。储气室可以采用报废的矿井、沉降的海底储气罐、山洞、过期油气井或新建储气井等多种模式。美国爱和华州的 Iowa Stored Energy Park 项目目前正在建设中，该项目采用压缩空气储能系统针对 75~150MW 的风电场进行设计，项目总发电能力将达到 3000MW。压缩空气储能的储能容量大，燃料消耗少，成本较低，安全可靠性高，寿命长；但其能量密度低，建设受到岩层等地形条件的制约。

（3）电磁储能。

1）超级电容器（Super Capacitor or Ultra Capacitor）是 20 世纪 60 年代开始发展起来的一种新型储能元件，其根据电化学双电层原理存储电能，是一种介于传统电容和电池之间的储能装置。这种电容器采用特殊材料制作电极和电解质，能提供比常规电容器更高的比能量和比蓄电池更高的比功率，其存储容量是普通电容器的 20~1000 倍，目前单体超级电容器的最大容量已经能够达到 5000F。超级电容器继承了常规电容器功率密度大、充电能量密度高的优点，又同时具备了温度范围宽、充放电速度快、转换效率高、循环寿命长的优势，特别适用于电力系统中大电流大功率、短时间充放电的场合，如大功率直流电机的启动支撑、动态电压恢复器（DVR）等，在电压跌落和瞬态干扰期间提高供电水平。2005 年美国加利福尼亚州的 950kW 风电项目中，为了平滑风电机组输出功率，建造了一台 450kW 的超级电容器储能装置。2015 年 2 月由国网甘肃省电力公司承担的国家 863 项目：鲁能干河口风电场《电网友好型新能源发电关键技术及示范应用》示范工程中的超级电容系统完成调试并投入试运行。该超级电容系统包括三套 2×150kW 超级电容装置作为储能元件，经 DC-DC 变流器分别接三台 3MW 双馈风机直流侧母线，以维持直流母线电压稳定，提高双馈风电机组的故障穿越能力，平抑风电机组输出功率波动等。

2）超导磁储能系统（Superconducting Magnetic Energy Storage，SMES）利用超导体制成的线圈将电网供电励磁产生的磁场能量储存起来，需要时再将储存的电能送回电网。超导磁储能系统根据电力系统的需要对储能线圈进行充放电控制，功率输送时不需要转换能源形式，能量转换效率高（大于等于 96%）、响应速度快（毫秒级），能够实现与电网的实时大容量能量交换和功率补偿。与其他储能技术相比，超导磁储能具有能量效率高、可长期无损储存能量、能量释放快、维护简单等显著优点，其缺点在于装置成本较高。目前 1~5MW/MJ 的超导储能装置已形成产品，100MJ 的超导储能系统已经投入高压输电网实际运行，5GWh 的超导储能装置也已通过技术论证。将超导磁储能技术用作分布式发电系统的储能系统，能够平滑分布式发电的功率输出、提供功率补偿与电压支撑、保持系统稳定运行。德国卡尔斯鲁厄（Karlsruher）研究中心技术物理所进行了用于太阳能光伏电站的微型 SMES 装置的研制。

储能方式的种类众多，不同储能技术具有各自的优势和适用性。在分布式能源发电的并网应用中，单一的储能技术往往无法全面满足诸如响应特性、容量、经济性等多方面的要求，工程应用中需要将多种储能方式进行复合，综合规划，构成混合储能系统，由统一的控制系统协调控制，以最大限度发挥储能系统的效用。

3. 储能技术发展需求

根据目前在分布式发电中应用的背景来看，储能技术发展需求主要从储能元件、变流器和综合分析工具三个方向来考虑。

（1）储能元件。在分布式电源中应用的储能元件往往工作环境比较恶劣，而且由于风力发电和光伏发电等的不稳定，储能元件需要频繁地进行充放电。针对分布式电源的特点以及储能元件的发展现状，应用于分布式电源的储能技术主要发展方向为：增加储能元件的能量密度和功率密度、延长储能元件的循环寿命、增加充放电速度、增强恶劣环境的适应能力、降低储能元件成本。

（2）变流器。储能元件需要经变流器接入分布式电源以及电网中，变流器的好坏直接影响储能元件的工作效率。有关变流器的主要研究热点包括变流器的数学建模和分析、电压型变流器的电流控制、变流器的主电路拓扑结构研究、电流型变流器的研究、变流器的系统控制策略的研究等。

(3) 综合分析工具。在开发一个分布式电源系统前，需对其进行全面综合的分析，包括经济性分析、运行管理分析、可靠性分析等。目前，储能系统在分布式电源中的应用还不成熟，成型的建模和仿真方法还不具备。因此，开发相应的综合分析工具，对储能系统进行全面的分析，是非常有价值的。

## 5.3 微 电 网

目前世界上分布式电源的发展中出现了布置更为分散、单个机组产能规模更小、更靠近用户侧、更适用于用户需求的分散式电源的趋势；而分布式电源在系统中的渗透率也日益提高，正如前文分析，给电网带来越来越深刻的影响。面对常规配电系统的结构和运行策略并不能很好地适应这一变化的局面，20 世纪初，学者们提出了微电网（Micro-Grid）的概念。

### 5.3.1 微电网的基本概念及其组成

1. 微电网的基本概念

目前国际上对微电网的定义各不相同，这里仅给出美国电气可靠性技术解决方案联合会（Consortium for Electric Reliability Technology Solutions，CERTS）定义的微电网概念：微电网是一种由负荷和微型电源共同组成的系统，它可同时提供电能和热量；微电网内部的电源主要由电力电子器件负责能量的转换，并提供必要的控制；微电网相对于外部大电网表现为单一的受控单元，并可同时满足用户对电能质量和供电安全等方面的要求[9]。

CERT 的定义从结构、控制、功能等方面全面给出了微电网的概念，说明微电网是一个能够实现自我控制、保护和管理的自治系统[10]。它既可以与电网联网运行，也可以在电网发生故障时与主网无缝解列或成孤岛运行。

2. 微电网的组成与特点

微电网是由分布式电源、负荷、储能装置和能量转换控制装置汇集而成并为相应区域供电的小型发配电系统，它对外可看作一个整体，通过公共连接点 PCC 与电网相连。微电网的基本结构如图 5-2 所示。

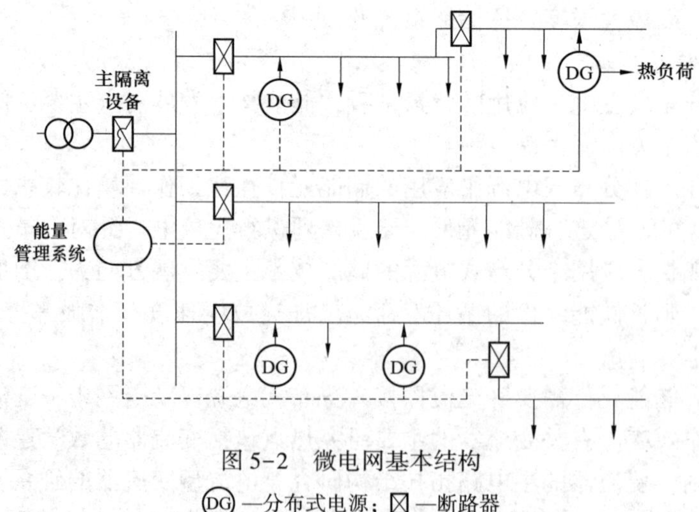


图 5-2 微电网基本结构

DG —分布式电源；⊠ —断路器

微电网中的分布式电源DG形式可以为光电、风电等多种发电形式，发电系统可以是热电联产，也可以是冷热电联产，以方便就地向用户提供热能，提高分布式能源的利用效率；微电网中存在各种不同类型的负荷，需要采取不同的策略进行供电；系统中的储能装置可以采用各种技术方式，以实现微电网的能量存储和负荷的削峰填谷；配备的能量管理与控制系统，可以解决微电网中的能量管理、并离网切换控制、潮流控制、保护控制等一系列问题；整个微电网在PCC处通过断路器和上级电网变电站与主电网相连，能够实现并网与孤岛运行模式的平滑切换。

相对于大电网而言，微电网是一个独立的可控单元，而不再是多个分散的电源和负荷。它既可与大电网联网运行，也可断开电网孤岛运行，为分布式电源的利用提供了一个全新的模式。其主要特点为：

(1) 微电网是集成应用分布式电源的有效方式，更将原本分布的电源相互协调起来，继承并增强了分布式电源高能源利用效率、高供电可靠性等优势。

(2) 微电网能运行在并网和孤岛两种运行方式。并网模式下，微电网既可以从电网获得电能，也可以向电网输送电能；当电网故障不能对地区负荷供电时，微电网孤岛运行，实现自身的供需能量平衡。

(3) 微电网属于独立的整体模块，对电网负面影响小，其技术应用一般不需要进行大电网改造。

(4) 微电网将多个分布式电源联网，则可以扩增系统容量，并应用储能系统降低电压波动与电压闪变问题，从而对分布式电源并入电网后的电能质量进行改善。

(5) 微电网的具有自组织性，既可由电力公司建设运营，也可以由用户自己建设或者第三方能源公司建设，有助于更深层次的能源领域的市场化改革[1]。

### 5.3.2　国内外微电网技术的研究现状和发展[11]

负荷的持续增长、电力系统结构的不断老化、环保问题、能源利用效率瓶颈以及用户对电能质量的高要求，这些已成为世界各国电力工业所面临的严峻挑战。微电网对分布式电源的有效利用及灵活、智能的控制特点，使其在解决上述问题方面表现出极大潜能，是许多国家未来若干年电力发展战略的重点之一。目前，一些国家已纷纷开展微电网研究，立足于本国电力系统的实际问题与国家的可持续发展能源目标，提出了各自的微电网发展目标。作为一个新的技术领域，微电网在各国的发展呈现不同特色。

1. 美国的微电网研究[12]

美国CERTS最早提出了微电网的概念，并且是众多微电网概念中比较权威的一个。美国CERTS系统地阐述了微电网的定义、结构、控制、保护及效益分析等一系列问题。其提出的微电网主要由基于电力电子技术且容量小于等于500kW的小型微电源与负荷构成，并引入了基于电力电子技术的控制方法。电力电子技术是美国CERTS微电网实现智能、灵活控制的重要支撑，美国CERTS微电网正是基于此形成了“即插即用”（Plug and Play）与“对等”（Peer to Peer）的控制思想和设计理念。目前，美国CERTS微电网的初步理论研究成果已在实验室微电网平台上得到了成功检验。由美国北部电力系统承建的“Mad River微电网”是美国第一个微电网示范工程，学者们希望通过该工程进一步加深对微电网的理解，检验微电网的建模和仿真方法、保护和控制策略以及经济效益等，并初步形成关于微电网的管理政策和法规等，为将来的微电网工程建立框架。

美国的微电网工程得到了美国能源部的高度重视。2003 年，美国总统提出了“电网现代化”（Grid Modernization）的目标，指出要将信息技术、通信技术等广泛引入电力系统，实现电网的智能化。在随后出台的“Grid 2030”发展战略中，美国能源部制定了美国电力系统未来几十年的研究与发展规划，微电网是其重要组成之一。在 2006 年的美国微电网会议上，美国能源部对其今后的微电网发展计划进行了详细剖析。

从美国电网现代化角度来看，提高重要负荷的供电可靠性、满足用户定制的多种电能质量需求、降低成本、实现智能化将是美国微电网的发展重点。CERTS 微电网中电力电子装置与众多新能源的使用与控制，为可再生能源潜能的充分发挥及稳定、控制等问题的解决提供了新的思路。

2. 日本的微电网研究

日本立足于国内能源日益紧缺、负荷日益增长的现实背景，也展开了微电网研究，但其发展目标主要定位于能源供给多样化、减少污染、满足用户的个性化电力需求。日本三菱公司将微电网从规模上分为三类，具体见表 5-2。

**表 5-2　日本三菱公司对微电网的分类**

| 类型 | 发电容量（MW） | 燃料 | 应用场合 |
|---|---|---|---|
| 大规模 | 1000 | 石油或煤 | 工业区 |
| 中规模 | 100 | 石油或煤或可再生能源 | 工业园 |
| 小规模 | 10 | 可再生能源 | 小型区域电网、住宅楼、偏远地区 |

从表 5-2 中可看出，以传统电源供电的独立电力系统也被归入其微电网研究范畴，大大扩展了 CERTS 对微电网的定义范围。基于该框架，目前日本已在其国内建立了多个微电网工程。

此外，日本学者还提出了灵活可靠性和智能能量供给系统，其主要思想是在配电网中加入一些灵活交流输电系统（FACTS）装置，利用 FACTS 控制器快速、灵活的控制性能，实现对配电网能源结构的优化，并满足用户的多种电能质量需求。目前，日本已将该系统作为其微电网的重要实现形式之一。多年来，新能源利用一直是日本的发展重点。为此，日本还专门成立了新能源与工业技术发展组织（NEDO）统一协调国内高校、企业与国家重点实验室对新能源及其应用的研究。日本对微电网定义的拓宽以及在此基础上所进行的控制、能源利用等研究，为小型配电系统及基于传统电源的较大规模独立系统提供了广阔的发展空间。

3. 欧洲的微电网研究

从电力市场需求、电能安全供给及环保等角度出发，欧洲于 2005 年提出“Smart Power Networks”计划，并在 2006 年出台该计划的技术实现方略。作为欧洲 2020 年及后续的电力发展目标，该计划指出未来欧洲电网需具备灵活、可接入、可靠、经济的特点，欧洲提出要充分利用分布式能源、智能技术、先进电力电子技术等实现集中供电与分布式发电的高效紧密结合，并积极鼓励社会各界广泛参与电力市场，共同推进电网发展。微电网以其智能性、能量利用多元化等特点也成为欧洲未来电网的重要组成。目前，欧洲已初步形成了微电网的运行、控制、保护，安全及通信等理论，并在实验室微电网平台上对这些理论进行了验证。其后续任务将集中于研究更加先进的控制策略、制定相应的标准、建立示范工程等，为分布式电源与可再生能源的大规模接入以及传统电网向智能电网的初步过渡做积极准备。

加拿大、澳大利亚等国也展开了微电网研究。从各国对未来电网的发展战略和对微电网技术的研究与应用中可清楚看出，微电网的形成与发展绝不是对传统集中式、大规模电网的革命与挑战，而是代表着电力行业服务意识、能源利用意识、环保意识的一种提高与改变。微电网是未来电网实现高效、环保、优质供电的一个重要手段，是对大电网的有益补充。

4. 微电网在中国的发展前景

微电网的特点是适应中国电力发展的需求与方向的，在中国有着广阔的发展前景，具体体现在：

(1) 微电网是中国发展可再生能源的有效形式。积极推动和鼓励可再生能源的发展已经成为中国的能源发展战略重点。一方面，充分利用可再生能源发电对于中国调整能源结构、保护环境、开发西部、解决农村用能及边远地区用电，进行生态建设等均具有重要意义；另一方面，中国可再生能源的发展潜力十分巨大。据专家估计，中国新能源和可再生能源的可获得量是每年 $7.3\times10^9$t 标准煤，而现在的每年开发量不足 $4\times10^7$t 标准煤。中国制定的 2020 年可再生能源发展目标也已将可再生能源发电的装机容量定位为 100GW。然而，可再生能源容量小、功率不稳定、独立向负荷提供可靠供电的能力不强以及对电网造成波动、影响系统安全稳定的缺点将是其发展中的极大障碍。若能将负荷点附近的分布式能源发电技术、储能及电力电子控制技术等很好地结合起来构成微电网，则可再生能源将充分发挥其重要潜力。例如，对于未通电的偏远地区，充分利用当地风能、太阳能等新能源，设计合理的微电网结构，实现微电网供电，将是发挥中国资源优势、加快电力建设的重要举措。中国需要尽快加紧在这方面的研究与开发。

(2) 微电网在提高中国电网的供电可靠性、改善电能质量方面具有重要作用。中国经济已进入数字化时代，优质、可靠的电力供应是经济高速发展的重要保障。在大电网的脆弱性日益凸显的情况下，将地理位置接近的重要负荷组成微电网，设计合适的电路结构和控制，为这些负荷提供优质、可靠的电力，不仅可省去提高整体可靠性与电能质量所带来的不必要成本，还可减少这些重要负荷的停电经济损失，吸引更多的高新技术在中国发展。

(3) 微电网对于在中国发展热电联供有极大的指导意义。目前，中国已建立了许多热电联供项目，而微电网研究中的资源配置与经济优化思想非常值得借鉴。如何就近选择合适容量的热力用户与电力用户组成微电网，并进行最佳的发电技术组合，对于中国提高能源利用效率、优化能源结构、减少环境污染等具有重要意义。

(4) 微电网与大电网间灵活的并列运行方式可使微电网起到削峰填谷的作用，从而使整个电网的发电设备得以充分利用，实现经济运行。此外，对于中国已有的众多独立系统，在系统中加入基于电力电子技术的新能源并配以智能、灵活的控制方式，一方面可提高系统的智能化与自动化水平，另一方面也可为企业带来可观的经济效益。

通过上述分析可以清楚地看到，作为大电网的有效补充与分布式能源的有效利用形式，微电网已引起各国科学家的广泛关注。虽然将其实用化还有许多问题尚待解决，但毫无疑问，微电网的发展潜力十分巨大。

### 5.3.3　微电网中的关键问题及相关研究

微电网内集成了多种能源输入、多种产品输出和多种能源转换单元，是分布式发电与新型电力电子技术、新能源发电和储能技术的综合应用。微电网的运行特性既与内部分布式电源和负荷的特性有关，也与内部储能系统运行特性密切相关，同时还与外部电网相互作用，表现为一个多方行为相互耦合的复杂系统。微电网技术的发展将面临包括技术、管理等多方面的挑战[1]。

1. 电力技术方面

（1）微电网的控制。由微电网的结构分析可看到，微电网如此灵活的运行方式与高质量的供电服务，离不开完善的稳定与控制系统。控制问题也正是微电网研究中的一个难点问题。基本的技术难点在于微电网中的微电源数目众多，很难要求一个中心控制点对整个系统做出快速反应并进行相应控制，一旦系统中某一控制元件故障或软件出错，就可能导致整个系统瘫痪。因此，微电网控制应该做到能够基于本地信息对电网中的事件做出自主反应，例如，对于电压跌落、故障、停电等，发电机应当利用本地信息自动转到独立运行方式，而不是像传统方式中由电网调度统一协调。具体来讲，微电网控制应当保证：任一微电源的接入不对系统造成影响；自主选择运行点；平滑地与电网并列、分离；对有功、无功进行独立控制；具有校正电压跌落和系统不平衡的能力。

目前，已形成了三类经典的微电网控制方法：

1）基于电力电子技术的“即插即用”与“对等”的控制。该方法根据微电网控制要求，灵活选择与传统发电机相类似的下垂特性曲线进行控制，将系统的不平衡功率动态分配给各机组承担，具有简单、可靠、易于实现的特点。但该方法没有考虑系统电压与频率的恢复问题，也就是类似传统发电机中的二次调整问题，因此，在微电网遭受严重扰动时，系统的频率质量可能无法保证。此外，该方法仅针对基于电力电子技术的微电源间的控制。

2）基于功率管理系统的控制。该方法采用不同控制模块对有功、无功分别进行控制，很好地满足了微电网多种控制的要求，尤其在调节功率平衡时，加入了频率恢复算法，能够很好地满足频率质量要求。另外，针对微电网中对无功的不同需求，功率管理系统采用了多种控制方法，从而大大增加了控制的灵活性并提高了控制性能。但这种方法只讨论了基于电力电子技术的机组间的协调控制，未综合考虑它们与含调速器的常规发电机间的协调控制。

3）基于多代理技术的微电网控制方法。该方法将传统电力系统中的多代理技术应用于微电网控制系统。代理的自治性、反应能力、自发行为等特点正好满足微电网分散控制的需要，提供了一个能够嵌入各种控制性能但又无须管理者经常出现的系统。但目前多代理技术在微电网中的应用多集中于协调市场交易、对能量进行管理方面，还未深入到对微电网中的频率、电压等进行控制的层面。要使多代理技术在微电网控制系统中发挥更大作用，仍有大量研究工作需要进行。

（2）微电网的继电保护。微电网的保护问题与传统保护有着极大不同，典型表现为潮流存在双向流通和微电网在并网运行与独立运行两种工况下，短路电流差异很大。

如何在独立和并网两种运行工况下均能对微电网内部故障做出响应以及在并网情况下快速感知大电网故障，同时保证保护的选择性、快速性、灵敏性与可靠性，是微电网保护的关键，也是微电网保护的难点。传统的电流保护显然无法满足微电网保护的特殊要求。目前，针对单相接地故障与相间故障，有学者提出了基于对称电流分量检测的保护策略。该方法以超过一定阈值的零序电流分量和负序电流分量作为主保护的启动值，将传统的过电流保护与之结合可取得良好的效果。虽然国际上已有学者研制出微电网保护的硬件装置，但人们仍在对更加完善的保护策略进行积极探索。发电机和负荷容量对保护的影响、不同类型发电机（如基于变流器和不基于变流器）对保护的影响及微电网不同运行方式和不同设计结构对保护的影响等问题都是微电网保护策略研究中所关注的重点。

（3）微电网的接入标准。微电网的接入标准也是人们较为普遍关注的问题。目前，IEEE 已重新修改了分布式电源的入网标准，新标准中的 IEEE 1547.4 对分布式独立电力系统的设计、运行及接入系统导则进行了详细规定。

除上述提及的几点外，微电源也是微电网技术的研究重点。虽然燃料电池、光伏发电、储能系统等在发挥微电网节能、降耗及环保效益方面具有极大潜力，但目前这些新型电源的成本仍然较高。加快对这些电源的技术研究、降低其成本也是增强微电网竞争力、推动其发展的有利因素。

2. 经济性方面

微电网的经济性是微电网吸引用户并能在电力系统中得以推广的关键所在。在经济运行方面，微电网虽然可以从大电网的调度原则、电能交易、资源配置原则等方面借鉴众多经验，但微电网本身的许多独特之处也使得其经济运行问题带有自身特点。从目前研究来看，微电网的经济性研究主要体现在两个方面：

（1）微电网系统设计的研究。微电网的经济效益是多方面的，但从用户来看，其效益主要集中于能源的高效利用和环保以及个性化电能供给的安全、可靠、优质几个方面。优化资源配置、实现高效能源供给是体现微电网经济性的重要方面，也是微电网研究中的一项重点。目前，由美国 CERTS 提出的分布式电源用户侧模型是对微电网资源结构进行经济设计的重要工具。该模型将分布式发电的安装和运行成本等与电力部门的供电费用结构进行比较，可以为用户提供供电效果佳且成本低的分布式发电技术组合以及热电联产的技术配置决策。更进一步的研究还将该模型与地理信息系统相结合，应用地理信息系统的数据信息对用户周围的地理因素进行识别和分析，采用就近组合原则形成用户群，为实现微电网良好的经济效益提供了重要的现实基础。许多学者已将该模型应用到基于微电网的热电联供设计中，并取得了一定成果。但该模型还只是针对简单的微电网结构进行设计，仍需在微电网的发展中不断完善。

多样化的电能供给也是微电网为用户带来的另一效益。按用户对电力供给的不同需求，负荷将被分类和细化，最终形成金字塔式的负荷结构。其中，对电能质量要求不高的多数负荷位于金字塔的底端，而对电能质量要求极高的少数负荷位于金字塔顶层。负荷电能质量的分级的确体现了微电网个性化供电的特点，但如何设计合适的微电网以实现这个复杂的分级结构仍是实际应用中的难点。

（2）经济效益的评估和量化。微电网的经济效益评估和量化是微电网吸引力的最直接表达，但至今尚无有效方法将微电网对用户、电力部门及社会的效益全面量化。随着微电网研究的深入与成熟，微电网经济效益的不确定性必将成为阻碍其发展的重要因素。这方面的研究亟待深入与加强。

3. 管理和市场方面

除了技术和经济上的问题外，微电网发展还有许多管理和政策上的障碍。灵活协调微电网内部的能量交换与管理，建立高效、公正、安全的市场机制，重新定位供电方、电网及用户三者的角色与责任，加紧制定相应的管理政策和法规等是当前及今后一段时期的努力方向。

## 5.4 孤 岛 现 象

### 5.4.1 孤岛运行概述

微电网切换控制方式的关键性技术问题之一，就是孤岛检测问题。孤岛现象是指当大电网由于电气故障、误操作或自然因素等原因中断供电时，分布式发电系统未能及时检测出停电状态而退出运行，仍然向周围的负载供电，从而形成一个供电部门无法掌握控制的自给供电的孤岛（Island）。

孤岛运行可分为非计划孤岛运行和计划孤岛运行。计划孤岛运行可以有效发挥分布式发电系统的积极作用，减少因停电而带来的损失，提高供电质量和可靠性；非计划孤岛是一个没有调节控制的电力系统，没有电压、频率控制，一方面会给系统安全稳定运行带来严重问题，另一方面危及电网线路维护人员和用户的生命安全，同时可能干扰邻近用户供电的恢复。

因此，分布式发电系统应尽力避免非计划孤岛的出现，并由此相关分布式电源并网标准也规定并网逆变器都必须具有一定的孤岛检测保护的功能。

孤岛现象通常发生在低压电网，但是当电网中分布式发电装置的数量很多时，也可能发生在较高电压的配电网和输电网中。

### 5.4.2 孤岛检测[13、14]

孤岛状态的检测是整个孤岛问题研究的基础，对孤岛效应快速、有效的检测是分布式发电系统并网运行必须解决的关键问题。目前孤岛检测的方法可分为电网端和逆变器端两大类。

1. 电网端的检测法

电网端的检测法（也称远程检测法或外部法）主要是采用无线通信手段来监测断路器的开断状态，并在电网侧发出载波信号，而安装在DG侧的接收器将根据这些信号的变化来确定是否发生了孤岛，在电网断电时发送孤岛状态信号给并网逆变器使其断开与电网的连接。电网端的检测法又分为以下三种：

(1) 电力线载波通信方式（Power Line Carrier Communications，PLCC）。此方法的主要设备是一个连接在变电站母线二次侧的信号发生器，该设备通过PLCC系统不断地给所有的配电线路传送载波通信信号，每个DG设备装有信号接收器，若接收器没有检测到该信号，则说明变电站和该DG设备之间的任何一个断路器可能跳闸，即该DG设备处于孤岛状态。

(2) 开信号传送法（Signal Produced by Disconnect，SPD）。此法是监视配电网中所有能够使DG与电网断开的断路器和自动重合闸的状态。SPD法依赖于电网与逆变器之间的通信，发送器安装在继电器上，当开关动作时，通过微波、电话线或者其他方式发送信号检测孤岛，与DG上的接收器进行通信。此法需要采用连续载波信号，以防止因发送器、通道或接收机故障导致方法失效。

(3) 监控与数据采集方式（Supervisory Control And Data Acquisition，SCADA）。此法通过检测每一个开关节点的辅助触点来监控系统状态，当孤岛产生以后，SCADA系统能迅速判断出孤岛区域，将DG和电网之间连接的断路器的工作状态通过SCADA系统传输到DG，将DG与本地负载断开。

2. 逆变器端的检测法

逆变器端的检测法（也称本地检测法或内部法）主要是依靠逆变器自身来判断是否发生孤岛状态，不需要增加额外的互感器和测量设备，一般是通过检测输出端电压的幅值和频率来判断是否发生了孤岛效应。它又可分为被动法（也称无源法）和主动法（也称有源法）两种。

(1) 被动法。被动法是通过检测电网断电时逆变器输出的端电压幅值、频率、相位、谐波是否出现异常来判断是否产生孤岛。

(2) 主动法。主动法是通过在逆变器的控制信号中分别加入很小的幅值、频率、初始相位可调的干扰，三个量可以分别对逆变器输出的电压、频率、功率产生小扰动，这些扰动在并网运行时受电网的平衡钳制，扰动信号作用不明显，但当孤岛发生时，这些扰动的作用就较明显，可通过检测PCC点系统响应，来判断是否有孤岛发生。

由于每种检测方法各有优缺点，在实际应用中，应考虑检测时间、供电与负荷的需求平衡、负荷对供电质量的要求等实际情况，合理采用一种或多种检测手段，达到反孤岛防护的目的。将基于不同原理的孤岛检测方法组合使用，更易获得好的检测效果，这是孤岛检测未来发展的一个方向。

### 5.4.3　孤岛保护与低压穿越

值得注意的是孤岛保护与低电压穿越具有不同的概念：孤岛指分布式电源与大电网断开而与负载形成的孤立的局部网络，孤岛保护要求检测到这一现象并断开分布式电源的供电；低电压穿越指由于大电网故障，并网点电压跌落期间要求电源保持并网状态并向电网供电帮助电网穿越低电压区域。

从电源并网导则的具体要求和保护的层面来看，两者需求存在差异，并不矛盾，甚至可以在同一新能源发电系统中同时实现这两种需求：

(1) 低电压穿越与孤岛保护具有不同的保护动作时间，低电压穿越时间要短得多。孤岛保护一般要求并网系统在电网断电后2s左右检测出停电并退出运行；而低电压穿越一般要求并网系统在电网故障发生后的几百毫秒内保持并网[30]。

(2) 孤岛保护与低电压穿越有不同的保护范围，孤岛保护仅针对电网电压完全断开的故障；而低电压穿越要求覆盖所有的电网电压对称与不对称跌落[30]。

(3) 孤岛保护与低电压穿越是电网中不同层面的保护功能。对于小型发电站，容量在电网中所占比例较小，对电网的影响较小，在电网故障时不会对电网的稳定性产生实质性的影响，所以应具备快速检测孤岛且立即断开与电网连接的能力，以保证小型发电站及用户的安全。对于大中型电站，容量在电网中所占比例较大，对电网的影响较大，所以应具备一定的低电压穿越能力，在电网故障时重点是保证电网的稳定性与安全。

## 5.5 分布式电源环境下的配电网优化规划

配电网是电力系统中最末端的环节，起着连接电源和用户的重要作用，电网的供电质量与配电网的合理性有着密不可分的关系，配电网规划就是为了确保配电网建设的合理性，根据规划区域内的预测负荷和现有的网络基本现状来确定最佳建设方案。分布式电源接入会给配电网带来深远的影响，从根本上来说这些影响来自于分布电源改变了电网的结构和运行环境。大量 DG 并网后，电网结构由传统的单向放射状变成了多电源结构，电网的运行潮流随之发生改变，相应地，给配电网规划也带来了深刻的影响。

### 5.5.1 分布式电源给配电网规划带来的影响

随着分布式电源在电力系统中所占的比重越来越大，不仅给配电网带来实质性的影响，这也给配电网规划带来了新的难题和挑战。分布式电源给配电网规划带来的影响主要在以下几个方面：

(1) 增加不确定性因素。分布式电源接入配电网使电力负荷预测、规划和运行与过去相比有更大的不确定性。由于大量的用户会安装分布式电源为自身提供电能，使得配电网规划人员更加难于准确预测负荷的增长情况，从而影响后续的配电网规划。而且分布式电源虽然可以减少电能损耗，推迟或减少电网升级改造的投资，但该类电源的规模与接入位置选择不合适也可能会导致电能损耗的增加，导致网络中某些节点电压的下降或出现过电压，还会改变故障电流的大小、持续时间及其方向。此外，使用可再生能源的分布式电源，如风力发电场、光伏发电装置等，具有随机波动性、间歇性和不可控性，也给配电网运行增加了不确定性因素。

(2) 增大问题求解难度。一般配电网规划考虑 5~20 年，在此年限内，通常假定电网负荷逐年增长，新的中压/低压节点不断出现，会增建一个或更多的变电站。但由于配电网规划问题的动态属性同其维数相关联（通常需要同时考虑几千个节点），分布式电源接入后必须考虑其带来的各种影响，寻找到最优的网络布置方案将更加困难。

(3) 增加运营管理难度。对于将分布式电源接入配电网的用户或独立投资商，他们与维护电网安全和供电质量的配电网公司之间存在一定的矛盾。由于大量分布式电源接入将对配电网结构产生重大影响，为了确保电网的安全与优质运行，必须添置相关设备，实施相应的控制策略与调节手段，将分布式电源集成到配电系统。这不但需要改造现有的配电自动化系统，还需将对配电网的被动管理转变为主动管理。

(4) 降低供电设施利用率。分布式电源接入配电网可以延缓或避免配电网投资。但若分布式电源接入供电容量充裕的区域或节点，则可能导致原有供电容量长期处于备用或闲置状态，从而降低了供电设施利用率，使原规划方案的配电公司投资无法按期回收。

鉴于分布式发电机组类型及所采用一次能源的多样化，如何在配电网中确定合理的能源结构、协调和有效地利用各种类型的电源，成为新出现而且迫切需要解决的问题。在考虑分布式电源接入的配电网规划中，应充分发挥这类电源的成本优势，同时减少或避免分布式电源对电网系统的不利影响，真正发挥其应有的优势。

### 5.5.2　分布式电源并网的接入容量研究[15~17]

分布式电源在配电网的布点规划，实际上就是需要合理确定分布式电源的位置和容量问题。研究表明分布式电源不同的安装位置和容量，将会影响到系统短路电流的大小、配电网的电压分布、电压稳定性等一系列问题。分布式电源合理的安装位置可有效改善配电网电压、减小系统有功网损、提高系统负荷率；反之，如果配置得不合理，则会影响配电网的安全稳定运行。分布式电源合理的安装位置和额定容量的确定必须满足较多的限制条件。

在已有配电网的基础上进行分布式电源的布点规划，总体上应该分两步走：

第一步，根据自然资源的分布情况和国家的能源政策确定分布式电源的类型、容量和位置，这一过程仅考虑在哪些位置上能够安装哪些类型、最大多少容量的分布式电源。

第二步，在第一步的结论基础上，结合分布式电源接入的实际电网，从技术角度重新进行一种或几种分布式电源的最优容量和位置的规划。

1. 分布式电源准入功率的计算

分布式电源极限接入容量即是 DG 穿透功率极限，其定义为系统在正常运行条件下能够接受的最大分布式电源注入有功功率，这可在布点规划的第一步中计算得到。分布式电源注入功率的增加可能会引起系统的电压和频率产生偏差、电压发生波动和闪变，以及系统的稳定性受到影响等问题，因此计算分布式电源穿透功率极限时需要考虑静态和暂态各种约束限制。常用的计算分布式电源准入功率的计算方法有试探法、解析法和数学优化法三种。

(1) 试探法。即给定一个分布式电源的位置和容量，计算在各种负荷水平下电压分布和系统短路电流，如果电压分布和短路电流水平满足安全运行的要求，再增加分布式电源的容量，重复上述计算，直到分布式电源容量不能再增加为止。试探法对于一个完全被动的配电系统，即完全采用传统的调压手段进行调压的配电系统比较有效且方便。其缺点是不灵活，很难考虑电压调整措施，比如分接头调整、无功补偿设备调整等对电压调整的影响，更改任何参数都需要对准入功率进行重新验算。试探法给出的最大准入功率很可能不是实际的最大值，只是其目前试探样本中的一个最大值。而且试探法并不能给出一个最优的电压调整方案。但试探法是一种简单实用的方法，可认为是优化算法的特例。

(2) 解析法。解析法通过建立解析方程，来计算满足方程的分布式电源的准入功率。可利用解析法，建立各种设备的模型和运行限制，并计算风力发电和光伏发电的一个运行范围，从而建立无功、有功注入的一个范围。总体来说，解析法比较烦琐，适用的范围非常有限，因为如果设备改变了，就需要重新建立数学模型，而且需要评估模型的有效性。解析法实质上是优化方法的特例，其特点是采用了若干较强的假设，因而应用范围受到限制。

(3) 数学优化法。通过建立数学优化模型，以最大准入功率为目标函数，给出系统参数，通过考虑各种约束，用优化算法解出状态、控制变量，为电压调整措施提供指导。其优点是使用潮流程序能够方便地表示各个系统的参数，比较容易地检验各种调压方法对于准入功率的影响；其缺点是系统建模复杂，需建立考虑各种约束的有效的数学模型，并且特别是在考虑多种分布式电源的优化问题时计算量大。

在规模较小的配电网中，采用解析法和数学优化法能够较好地得到分布式电源的准入功率；而对于节点数较多的配电网系统，若仍然采用这两种方式进行求解会碰到维数灾和建模困难等问题，此时宜采用试探法计算分布式电源的准入功率。

2. 分布式电源最优容量计算

对分布式电源进行布点规划的第二步，实质上是一个大规模、离散的、非线性、多阶段、多目标组合寻优问题，常用的目标函数包括投资成本最小化、网损最小化和电压稳定度最大化等，而各个子目标之间的优化存在着相互制约相互矛盾的可能性。对于分布式电源最优的求解必须能够准确评估分布式电源对所在电网的各种影响，给出分布式电源的最优位置和规模，使得分布式电源在逐步渗透过程中不会破坏电网运行的安全性和经济性。国内外已有一些学者对分布式电源最优容量进行了研究，求解方法大致上可以分为经典的数学优化算法、启发式优化算法和智能优化算法等。

经典数学优化算法如线性规划方法、分支定界法、动态规划法等，其能够求解得到全局的最优解，但其非常依赖于模型的准确性，而且随着求解问题规模的增大，经典数学规划算法的收敛性往往会出现问题，这时往往会采取一些简化方法，如分解成子问题、伪动态方法等。启发式优化算法以直观分析为依据的算法，而且与规划及运行人员的经验相结合，比单纯的数学优化方法更能准确地模拟实际电网规划行为。启发式优化算法虽无法严格保证解的最优性，但计算和应用都很方便，因此在电力网网架规划中仍然得到了广泛的应用。智能优化算法是一种解决组合优化问题的智能技术，包括遗传算法、模拟退火算法、蚁群优化算法、粒子群优化算法、禁忌搜索算法等，其在解决复杂的模型优化问题方面具有明显的优势。智能算法不要求对数学模型进行深入的数学分析，对于使用者来说，十分方便。虽然对于分布式电源规划，智能算法经常无法取得全局最优解，但是大部分局部最优解与全局最优解相差不多，因此将局部最优解作为工程近似最优解是完全可行的，智能优化算法在分布式电源规划中得到广泛使用。

## 5.6 分布式电源和微电网并网标准与分析

近年来，分布式电源和微电网的应用推动了分布式电源及微电网并网标准的发展。

### 5.6.1 国际组织和各国家的分布式电源并网标准[5,18~23]

国际标准中获得最广泛认可的是由美国电气与电子工程师协会（IEEE）于2003年发布的IEEE 1547《分布式电源与电力系统互联标准》。IEEE 1547第一次尝试统一所有类型DG性能、运行、测试、安全、维护方面的标准和要求，规定了10 MVA以下DG互连涉及的主要问题，包括普遍要求、异常条件下的反应、电能质量、孤岛、测试规范和设计等。为了补充部分缺陷，目前IEEE 1547标准已经扩展到系列标准：

（1）IEEE 1547.1—2005《DG与电力系统互联一致性测试程序》规定了并网测试程序，以确认DG能否接入配电网。

（2）IEEE 1547.2—2008《DG与电力系统互联应用指南》介绍了IEEE 1547标准的技术背景、应用细节和DG并网技术要求的依据，还包含技术说明、原理图和并网实例。

（3）IEEE 1547.3—2007《DG与电力系统互联的监测、信息交流和控制指南》介绍了DG控制器通过信息交换接口与DG项目相关部门之间信息交换、量测和控制的参数和规约。

（4）IEEE 1547.4—2011《分布式孤岛电力系统的设计、操作和集成指南草案》介绍了设计操作和集成分布式孤岛电力系统的实际方法。

（5）IEEE 1547. 6—2011《DG 与电力系统配电二级网络互联建议》介绍了 DG 与电力系统低压配电网连接的指导。

系列标准中的 IEEE 1547. 5、IEEE 1547. 7 和 IEEE 1547. 8 处于标准草案制定期间，尚未颁布。IEEE 1547. 5 为 10 MVA 以上容量电源的输电网并网提供相关的技术要求，包括设计、施工、验收测试和维护等方面的规定。IEEE 1547. 7 介绍了分布式电源或微电网并网对地方配电网影响的工程研究准则、范围和程度，阐述了对这种潜在影响进行研究的方法，并对研究的时机、所需数据、执行过程和结果评估进行了说明。IEEE 1547. 7 介绍了 DG 或微电网并网对区域配电网影响的工程研究准则、范围和程度。IEEE 1547. 8 提出了相关方法和步骤，以扩展 IEEE 1547 在创新设计和运作流程中的可用性和独创性。

加拿大有两个主要分布式电源和微电网并网标准，即 C22. 2 NO. 257《基于逆变器的微电源配电网互联标准》和 C22. 3 NO. 9《分布式电力供应系统互联标准》。其中 C22. 2 NO. 257 标准规定了基于逆变器的分布式电源与 0. 6kV 以下的低压配电网互联要求，C22. 3 NO. 9 标准适用于接入 50kV 以下的配电网、并网容量不超过 10MW 的分布式电源。

欧洲委员会机电标准化（CENELEC）讨论出台了公共低压配电网连接微小发电机的技术要求（EN50438：2007）。该标准规定了固定安装的微电源和保护装置的连接及操作的技术要求，针对的微电源指接入单相或相间电压为 230/400V 配电网时，单相电流不超过 16A 的分散电源。英国嵌入式发电厂接入公共配电网标准是由电力协会制定的 G59/1 和 G75/1 标准，G59/1 标准适用于接入 20kV 以下配电网，且容量不超过 5MW 的小型电源并网，G75/1 标准适用于接入 20kV 以上电压等级配电网，且容量大于 5MW 的电源并网。其给出了基本运行参数，包括电压、频率、电网结构、短路电流等，分析了供电安全与可靠性，考虑了孤岛运行情况，分析了系统稳定性，是一个较为全面的规范，可作为大容量微电网并网标准的参考。

新西兰 2005 年完成了基于逆变器的微电源标准 AS4777. 1 安装要求，AS4777. 2 逆变器要求，AS4777. 3 电网保护要求的制定。该标准对用于逆变电源系统中的电网保护装置，等级在 10kVA 范围内的单相设备，等级在 30kVA 范围内的三相设备和通过电子设备向配电网供电的要求作了详细说明。

德国目前有 BDEW《发电厂接入中压电网并网指南》和 VDE-AR-N-4105《发电系统接入低压配电网并网指南》，这两项指南都考虑了可再生能源发电的接入，适用于风电、水电、联合发电系统（如生物质能、沼气或者天然气火力发电系统等）、光伏发电系统等一切通过同步电机、异步电机或变流器接入中低压电网的发电系统。

2010 年 8 月中国国家电网公司发布了 Q/GDW 480—2010《分布式电源接入电网技术规定》。该标准在电能质量、安全和保护、电能计量、通信和运行响应特性方面参考或者引用了已有的国家标准、行业标准、IEC 标准、IEEE 标准。它规定了通过 35kV 及以下电压等级接入电网的新建或扩建分布式电源接入电网应满足的技术要求。2011 年颁布的 Q/GDW 666—2011《分布式电源接入配电网测试技术规范》、Q/GDW 667—2011《分布式电源接入配电网运行控制规范》和 Q/GDW 677—2011《分布式电源接入配电网监控系统功能规范》三项标准适用于国家电网公司经营区域内以同步电机、感应电机、变流器形式接入 10kV 及以下电压等级配电网的分布式电源[24~28]。

### 5.6.2 分布式电源并网标准分析[5,22,29]

从各国分布式电源并网标准可以看出，大多数并网标准都对DG接入的电压、对配电网异常状态的反应、保护配置、电能质量、DG的运行和安全以及测试等方面做了要求。

1. DG接入电压要求

IEEE 1547标准不允许DG参与电压调节，对分布式发电系统运行的功率因数未做规定；加拿大C22.3NO.9标准允许DG参与PCC点的电压调节，对于30kW以上的分布式发电系统要求功率因数在-0.9~+0.9之间可调，30kW以下的允许以这个范围内的某一固定功率因数运行；德国中压并网标准规定，如果网络运营商要求或者为了满足网络要求，发电厂必须参与中压网络的稳态电压控制，但在低压并网标准中的要求较为缓和，未做强制规定。

配电网运行电压的电压偏差应满足一定的标准，各个国家规定DG接入后引起的电压偏差的变化范围有一定差别。

我国Q/GDW 480—2010对分布式电源接入电网后的电压没有规定其波动范围，但对DG的接入容量及电压等级做了如下规定：

(1) 分布式电源总容量原则上不超过上一级变压器供电区域内最大负荷的25%。

(2) 分布式电源并网点的短路电流与分布式电源额定电流之比不宜低于10。

(3) 分布式电源接入电压等级宜按照200kW及以下分布式电源接入380V电压等级电网；200kW以上分布式电源接入10kW（6kV）及以上电压等级电网。经过技术经济比较，分布式电源采用低一电压等级接入优于高一电压等级接入，可采用低一电压等级接入。

2. 对配电网异常状态的响应

当区域配电网发生故障，电网电压或频率出现异常时，要求与之相连的分布式电源作出响应，要求其需要在规定的时间内切除，停止向电网供电。在区域配电网线路重合闸之前，DG应停止供电；切除故障后，只有配电网的电压偏差和频率偏差符合规定，DG才能重新并网。电压与频率的响应特性需要能够保持电网电压与频率的稳定性，保护连接设备。

3. 安全与保护

各分布式电源并网标准都要求分布式电源的保护装置应具备比较完备的保护功能，包括高、低压保护；过、欠频保护，防孤岛保护等；保护的整定值和最大切除时间与异常状态响应中的规定一致。目前，几乎所有的技术标准都要求DG并网不应改变原有电力系统保护的自动重合闸等的协调性，绝大多数都规定要求分布式电源需具备防孤岛保护。

4. 电能质量

各分布式电源并网标准对DG接入后所引起的公共连接点PCC处的电能质量都做了详尽的约束，一般都要求其满足本国电能质量相关标准的要求，主要包括闪变、谐波、直流分量等。

随着设备制造及通信、控制技术的提高，分布式电源在配电网中的装机容量越来越大。目前，相比之下国内分布式电源和微电网的发展尚在起步阶段，虽然已经颁布了分布式电源接入电网的行业技术规定，但微电网标准尚没有颁布，并网标准的约束力较低，有些方面的问题需要给予更多的关注。比如DG与电网间进行能力交换的要求，DG接入或退出电网的时机，以及DG参与电力市场时，对电网安全的支撑能量等都需要提出进一步详细的要求等。结合未来我国分布式电源和微电网的发展趋势，将还会有一些新出台的标准，以期能充分发挥分布式电源与微电网并网的巨大潜力。

## 参 考 文 献

[1] 王成山. 微电网分析与仿真理论 [M]. 北京: 科学出版社, 2013.

[2] 雷珽. 分布式电源的并网策略与协调控制 [D]. 上海: 上海交通大学, 2011.

[3] 王成山, 王守相. 分布式发电供能系统若干问题研究 [J]. 电力系统自动化, 2008, 32 (20): 1-4.

[4] 刘伟, 奉琪. 未来智能配电网关键技术的研究 [J]. 中国科技纵横, 2013 (6): 22-23.

[5] 鲍薇, 胡学浩, 何国庆, 等. 分布式电源并网标准研究 [J]. 电网技术, 2012.

[6] 国家电网公司. 分布式电源接入电网技术规定: Q/GDW 480—2010 [S]. 北京: 中国电力出版社, 2010.

[7] 陈海森, 陈金富, 段献忠. 含分布式电源的配电网潮流计算 [J]. 电力系统自动化, 2006, 30 (01): 35-40.

[8] 王成山, 武震, 李鹏. 分布式电能存储技术的应用前景与挑战 [J]. 电力系统自动化, 2014, 38 (16): 1-8.

[9] 杨秀, 李宏仲, 赵晶晶. 分布式发电及储能技术基础 [M]. 北京: 中国水利电力出版社, 2012.

[10] 徐青山. 分布式发电与微电网技术 [M]. 北京: 人民邮电出版社, 2011.

[11] 余贻鑫, 栾文鹏. 智能电网述评 [J]. 中国电机工程学报, 2009 (34): 1-8.

[12] 李富生, 李瑞生, 周逢权. 微电网技术及工程应用 [M]. 北京: 中国电力出版社, 2013.

[13] 曹海燕, 田悦新. 并网逆变器孤岛控制技术 [J]. 电力系统保护与控制, 2010, 38 (09): 72-74.

[14] 郭小强, 赵清林, 邬伟扬. 光伏并网发电系统孤岛检测技术 [J]. 电工技术学报, 2007, 22 (04): 157-162.

[15] 李德泉, 徐建政, 罗永. 含分布式电源的配电网扩展规划 [J]. 电力系统及其自动化学报, 2012, 24 (05): 88-92.

[16] 王成山, 陈恺, 谢莹华, 等. 配电网扩展规划中分布式电源的选址和定容 [J]. 电力系统自动化, 2006, 30 (03): 38-43.

[17] Haffner S, Pereira L F A, Pereira L A, et al. Multistage model for distribution expansion planning with distributed generation-Part Ⅱ: numerical results [J]. IEEE Trans on Power Delivery, 2008, 23 (2): 924-929.

[18] IEEE Std 1547. 1—2005 IEEE standard conformance test procedures for equipment interconnecting distributed resources with electric power systems [S]. IEEE.

[19] IEEE Std 1547. 2—2008 IEEE Application Guide for IEEE Std 1547T IEEE Standard for Interconnecting Distributed Resources with Electric Power Systems [S]. IEEE.

[20] IEEE Std 1547. 3—2007 IEEE guide for monitoring, information exchange, and control of distributed resources interconnected with electric power systems [S]. IEEE.

[21] IEEE Std 1547. 4—2011 IEEE guide for design, operation and integration of distributed resource island systems with electric power systems [S]. IEEE.

[22] 汪诗怡, 艾芊. 国际上微网和分布式电源并网标准的分析研究 [J]. 华东电力, 2013, 42 (6): 1170-1175.

[23] 杨大为, 黄秀琼, 杨建华, 等. 微电网和分布式电源系列标准 IEEE1547 述评. 南方电网技术, 2012, 6 (5): 7-12.

[24] 国家电网公司. 分布式电源接入配电网测试技术规范: Q/GDW 666—2011 [S]. 北京: 中国电力出版社, 2011.

[25] 国家电网公司. 分布式电源接入配电网运行控制规范: Q/GDW 667—2011 [S]. 北京: 中国电力出

版社，2011.
[26] 国家电网公司. 分布式电源接入配电网监控系统功能规范：Q/GDW 677—2011 [S]. 北京：中国电力出版社，2011.
[27] 国家电网公司. 光伏电站接入电网技术规定：Q/GDW 617—2011 [S]. 北京：中国电力出版社，2011.
[28] 国家质量监督检验检疫总局，中国国家标准化管理委员会. 风电场接入电力系统技术规定：GB/T 19963—2011 [S]. 北京：中国电力出版社，2011.
[29] 陶维青，李嘉茜，丁明，等. 分布式电源并网标准发展与对比 [J]. 电气工程学报，2016，11 (4)：1-8.
[30] 耿华，刘淳，张兴，等. 新能源并网发电系统的低电压穿越 [M]. 北京：机械工业出版社，2014.